마마랜스의 일상 니트

MAMALANS

마마랜스의 일상 니트

MAMALANS

누구나 쉽게 즐길 수 있는
뜨개옷과 소품 17

이하니 지음

Hans Media

MAMALANS

prologue

프롤로그

"저는 초보인데 이 작품을 뜰 수 있을까요?"라는 질문은

새로운 패키지를 선보일 때마다 받는 것 같습니다.

그럴 때마다 저는 너스레를 떨며,

"겉뜨기와 안뜨기만 뜰 수 있다면 누구나 완성할 수 있습니다."라고 말씀드려요.

모르면 어려워 보이지만, 배우면 뜨개만큼 쉽게 즐길 수 있는 취미도 없을 거예요.

무엇보다 일상에서 실제로 사용할 수 있어 활용도도 높답니다.

이 책은 마마랜스의 첫 책인 만큼 초보자도 쉽게 뜰 수 있는 작품부터

꾸준히 뜨거운 사랑을 받는 작품까지 담았습니다. 책을 따라 천천히 차근차근 뜨개를 해보며

따뜻하고 온전한 나만의 시간을 즐기시길 바랍니다.

brand story

마마랜스
브랜드 스토리

마마랜스 스튜디오(MAMALANS STUDIO)는

'My mother & Landscape'에서 따온 말로,

언제나 영감의 원천이 되는 저의 '어머니'와 제가 가장 좋아하는 단어인

'풍경'의 합성어입니다. "No generation gap in the world of the design."

디자인의 세계에는 세대가 없다는 슬로건을 걸고 할머니가 어머니에게,

어머니가 제게 전해준 따뜻하고 편안한 니트를 만들며

누구나 쉽게 즐길 수 있는 슬로우 메이드를 지향합니다.

contents

일상 니트 뜨기

뜨개를 시작하기 전에

실

1. **랑LANG 파시오네PASSIONE**
   25g / 132m / 알파카 82% 나일론 16% 스판텍스 2%

2. **랑LANG 에어 울 애딕츠AIR WOOL ADDICTS**
   50g / 125m / 버진울 84% 나일론 16%

3. **랑LANG 카르페디엠CARPE DIEM**
   50g / 90m / 버진울 70% 알파카 30%

4. **필립FILIP 트위드 에코TWEED ECO**
   40g / 90m / 엑스트라 파인울 80% 폴리 20%

5. **랑LANG 수리 알파카SURI ALPACA**
   25g / 100m / 알파카 100%

6. **브루클린BROOKLYN 쿼리QUARRY**
   100g / 182m / 아메리칸 울 100%

7. **산네스 간SANDNES GARN 틴 실크 모헤어TYNN SILK MOHAIR**
   25g / 212m / 모헤어 57% 실크 28% 울15%

8. **하마나카HAMANAKA 소노모노SONOMONO**
   25g / 125m / 알파카 75% 울 25%

9. **산네스 간SANDNES 더블 선데이DOUBLE SUNDAY**
   50g / 108m / 메리노 울 100%

10. **낙양모사 겨울정원**
    50g / 160m / 라쿤헤어 50% 울 30% 나일론 20%

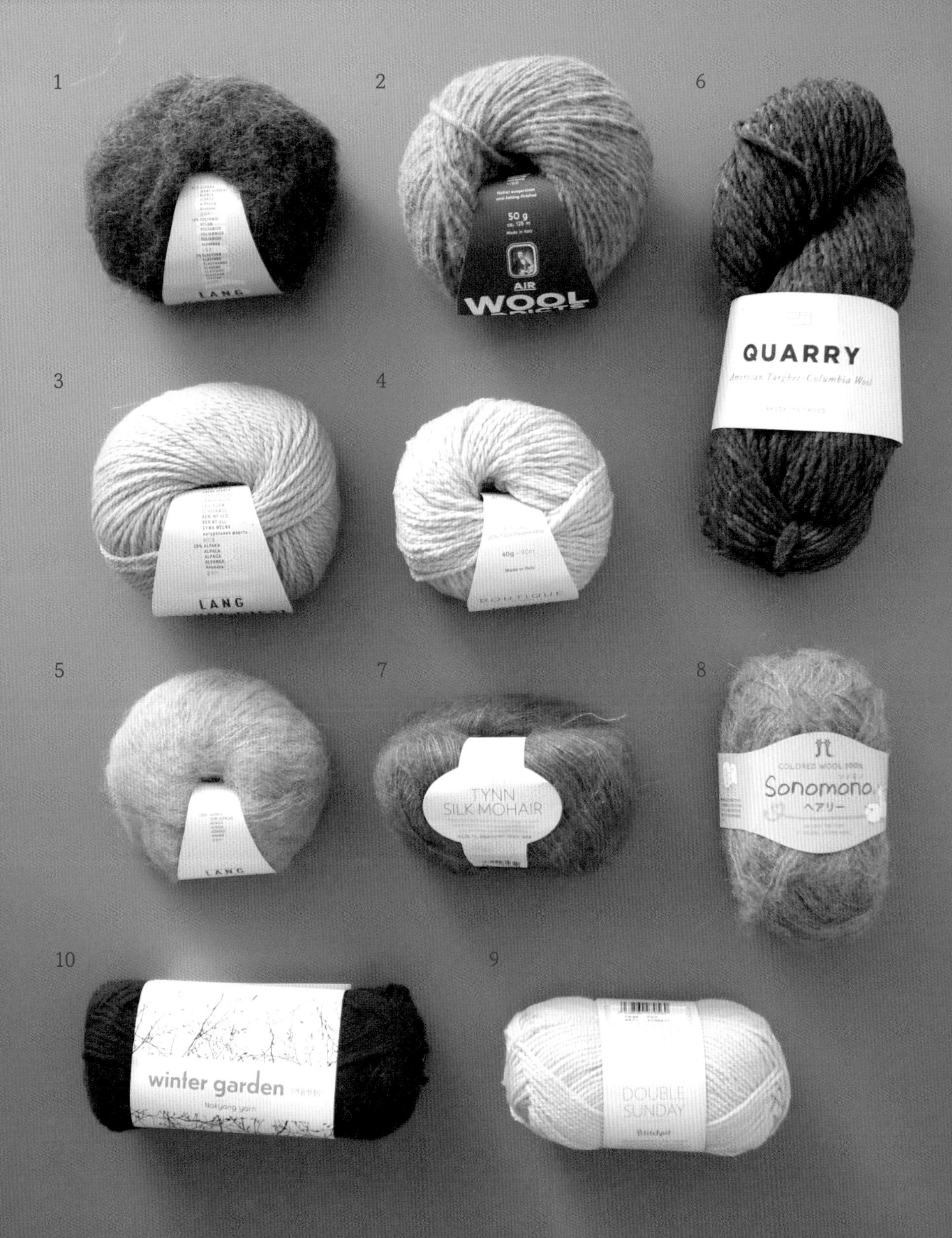

1
LANG
2
50 g
Made in Italy
AIR
WOOL
6
QUARRY
American Targhee-Columbia Wool
3
LANG
4
BOUTIQUE
5
LANG
7
TYNN
SILK MOHAIR
8
COLORED WOOL 100%
Sonomono
ヘアリー
10
winter garden
Nakjang yarn
9
DOUBLE
SUNDAY

도구

1. **대바늘**
   대바늘 손뜨개를 할 때 기본적으로 사용하는 바늘로, 2개가 한 세트입니다. 이 책에 수록한 대부분의 작품은 대바늘로 뜬 것입니다.

2. **코바늘**
   코바늘 손뜨개를 할 때 사용하는 바늘로, 끝부분이 갈고리 모양으로 생겼으며, 옷을 마감하거나 소품을 제작할 때 유용하게 쓰입니다.

3. **줄자**
   게이지 스와치, 각종 뜨개 뜨개 작업을 할 때 편물 크기를 체크하는 도구입니다.

4. **돗바늘**
   편물을 서로 잇거나, 편물을 다 뜨고 마감할 때 사용하는 바늘입니다.

5. **단수핀**
   단수를 표기할 때 편물에 걸어 사용합니다. 단수핀이 있으면 카운팅할 때 더 편리합니다.

6. **어깨핀**
   어깨나 소매, 네크라인 등 코를 막을 때 사용합니다.

7. **장갑바늘, 꽈배기바늘**
   꽈배기 패턴을 진행할 때 사용하는 바늘입니다. 다양한 형태의 바늘 중 내게 잘 맞는 모양으로 선택합니다. 이 책에서는 장갑바늘로 사용했습니다.

8. **가위**
   실을 자를 때 사용합니다.

9. **바늘 게이지**
   대바늘에 적힌 크기 표기가 지워졌을 때 구멍에 바늘을 넣어 크기를 알 수 있습니다.

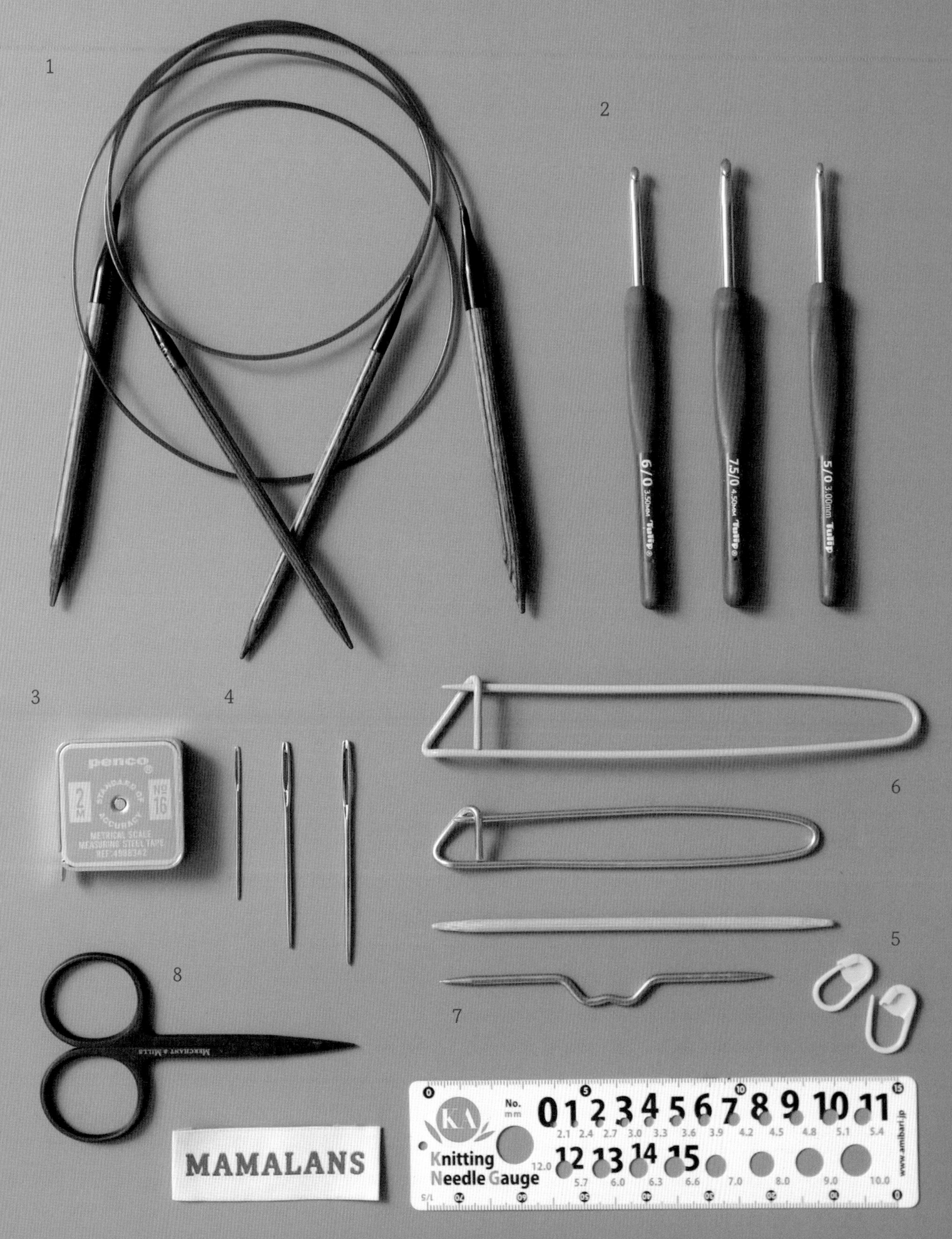
1
2
6/0 3.50mm Tulip
7.5/0 4.50mm Tulip
5/0 3.00mm Tulip
3
4
penco
2M
No 16
STANDARD OF ACCURACY
METRICAL SCALE
MEASURING STEEL TAPE
6
5
8
7
MAMALANS
KA
Knitting
Needle Gauge
No.
mm
0 1 2 3 4 5 6 7 8 9 10 11
12 13 14 15
9

1 코잡기

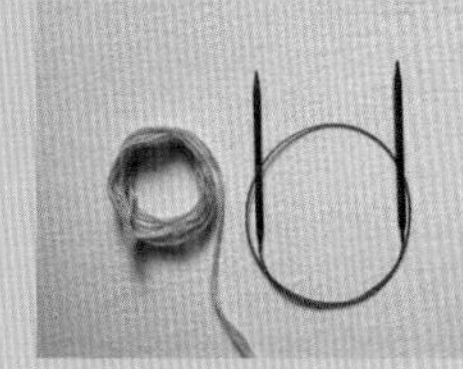

① 실과 바늘을 준비한다.

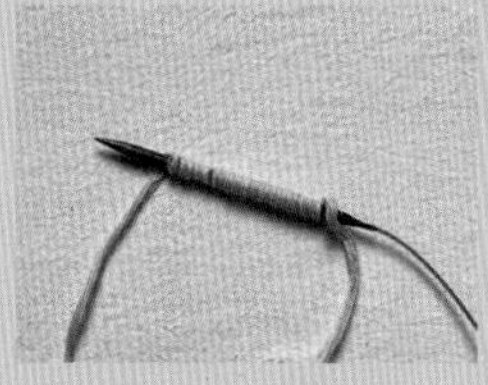

② 바늘에 원하는 콧수만큼 실을 감는다.

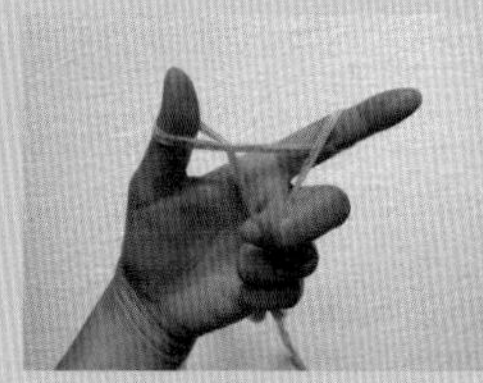

③ 다시 푼 후 사진처럼 실을 잡는다.

④ 엄지 옆 작은 공간에 바늘을 넣는다.

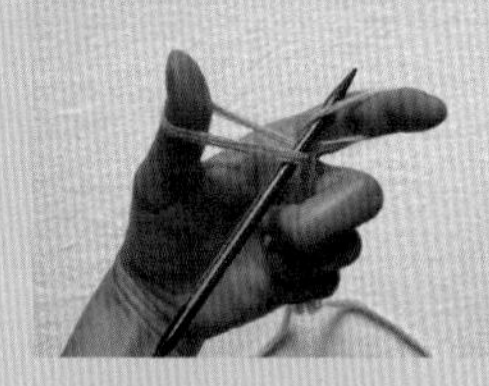

⑤ 그대로 검지 옆 작은 공간에 바늘을 넣는다.

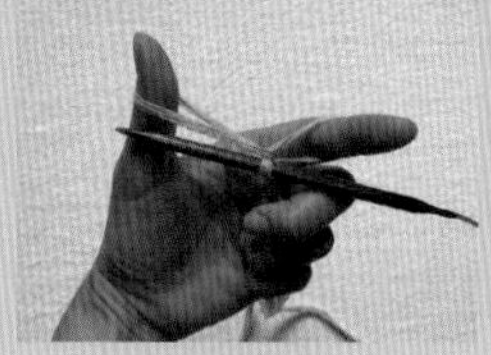

⑥ 실이 걸린 채로 엄지 옆 작은 공간으로 바늘을 뺀다.

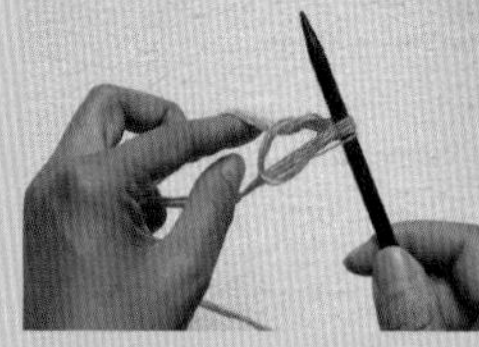

⑦ 양옆 실을 당겨 바늘에 코를 만든다.

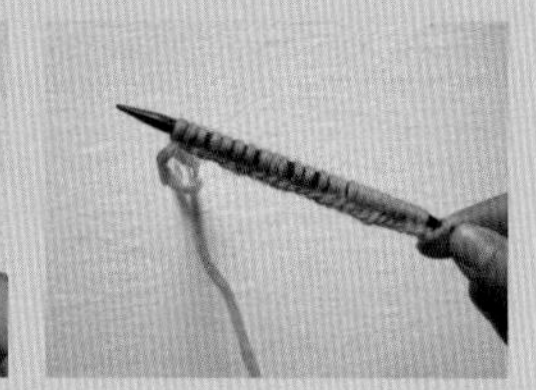

⑧ 원하는 콧수만큼 ③~⑦을 반복한다.

2 겉뜨기

① 실을 오른쪽 바늘 뒤에 둔다.

② 오른쪽 바늘을 왼쪽 코 안에서 밖으로 넣는다.

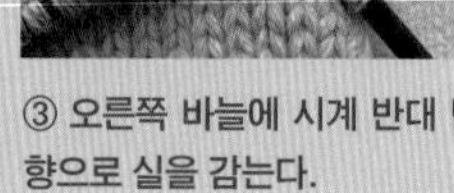

③ 오른쪽 바늘에 시계 반대 방향으로 실을 감는다.

④ 실을 감은 채로 오른쪽 바늘을 되돌아 뺀다.

⑤ 왼쪽 바늘에서 방금 뜬 코를 뺀다.

3 안뜨기

① 실을 오른쪽 바늘 앞에 둔다.

② 오른쪽 바늘을 왼쪽 코 밖에서 안으로 넣는다.

③ 오른쪽 바늘에 시계 반대 방향으로 실을 감는다.

④ 실을 감은 채로 오른쪽 바늘을 되돌아 뺀다.

⑤ 왼쪽 바늘에서 방금 뜬 코를 뺀다.

4 오른코 겹쳐 2코 모아뜨기(1코 줄이기)

① 실은 오른쪽 바늘 뒤에 둔다.

② 코에 바늘을 겉뜨기 방향으로 넣고 그대로 오른쪽 바늘로 옮긴다.

③ 다음 코에 겉뜨기 방향으로 바늘을 넣는다.

④ 겉뜨기를 한다.

⑤ 방금 뜬 코를 뺀다.

⑥ ②에서 뺀 코에 왼쪽 바늘을 넣는다.

⑦ 그 코를 오른쪽 바늘에서 빼 덮어씌운다.

5 왼코 겹쳐 2코 모아뜨기(1코 줄이기)

① 실은 오른쪽 바늘 뒤에 둔다.

② 2코에 바늘을 겉뜨기 방향으로 동시에 넣는다.

③ 오른쪽 바늘에 시계 반대 방향으로 실을 감는다.

④ 실을 감은 채로 오른쪽 바늘을 되돌아 뺀다. (2코→1코)

⑤ 왼쪽 바늘에서 방금 뜬 코를 뺀다.

6 (안뜨기)왼코 겹쳐 2코 모아뜨기(1코 줄이기)

① 실을 오른쪽 바늘 앞에 둔다.

② 코 2개에 바늘을 안뜨기 방향으로 동시에 넣는다.

③ 오른쪽 바늘에 시계 반대 방향으로 실을 감는다.

④ 실을 감은 채로 오른쪽 바늘을 되돌아 뺀다. (2코→1코)

⑤ 왼쪽 바늘에서 방금 뜬 코를 뺀다.

7 코 걸러뜨기

① 코에 바늘을 겉뜨기 방향으로 넣고 그대로 오른쪽 바늘로 옮긴다.

② 다음 코에 겉뜨기 방향으로 바늘을 넣는다.

③ 겉뜨기를 한다.

④ 방금 뜬 코를 뺀다.

⑤ 한 코를 걸러뜨고 다음 코를 겉뜨기한 뒷모습.

8 바늘 비우기

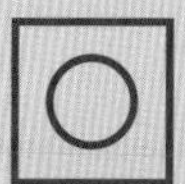

① 오른쪽 바늘에 시계 방향으로 실을 감는다. (바늘 비우기)

② 나머지 코는 도안대로 진행한다. (예시는 겉뜨기)

③ 다음 단에서 편물을 돌려 도안대로 진행한다. (예시는 안뜨기)

④ 바늘 비우기한 코에 바늘을 안뜨기 방향으로 넣는다.

⑤ 안뜨기를 한다.

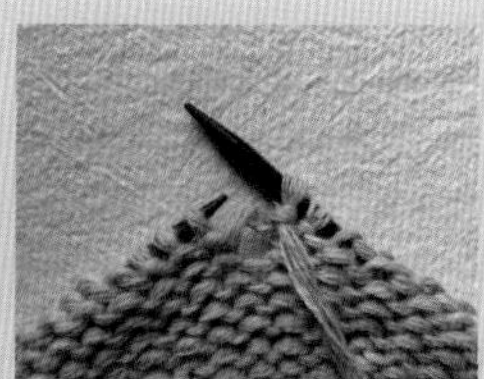

⑥ 다음 단에서 바늘 비우기가 나타난 모습.

9 오른코 위 1코 교차뜨기

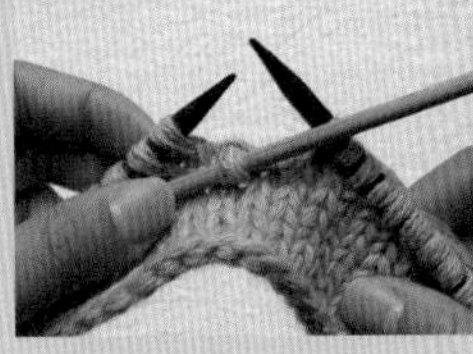

① 코를 장갑바늘로 옮기고 앞에 둔다.

② 다음 코에 겉뜨기 방향으로 바늘을 넣는다.

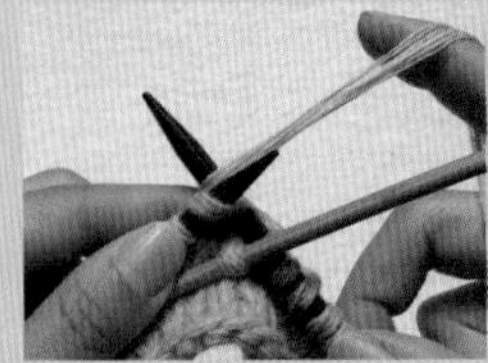

③ 오른쪽 바늘에 시계 반대 방향으로 실을 감는다.

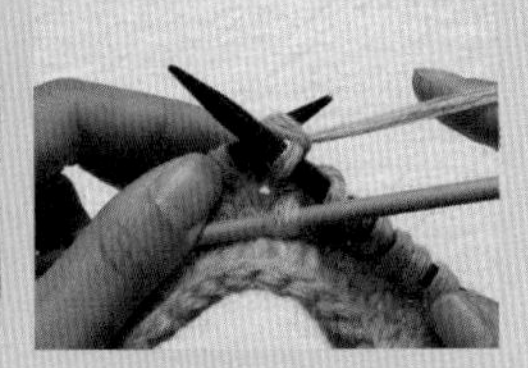

④ 실을 감은 채로 오른쪽 바늘을 되돌아 뺀다.

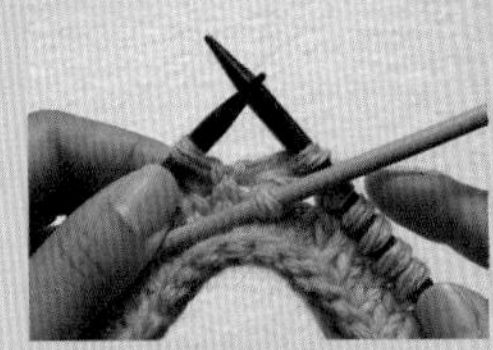

⑤ 왼쪽 바늘에서 방금 뜬 코를 뺀다. (겉뜨기)

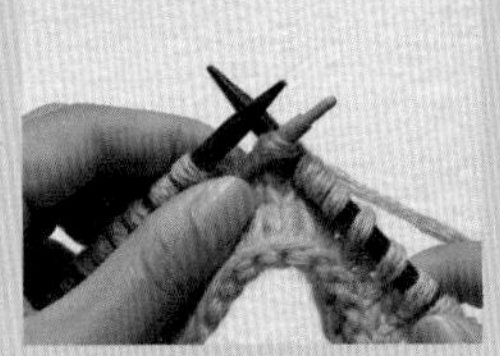

⑥ 장갑바늘로 옮긴 코에 겉뜨기 방향으로 바늘을 넣는다.

⑦ 겉뜨기를 한다.

10 왼코 위 1코 교차뜨기

① 코를 장갑바늘로 옮기고 뒤에 둔다.

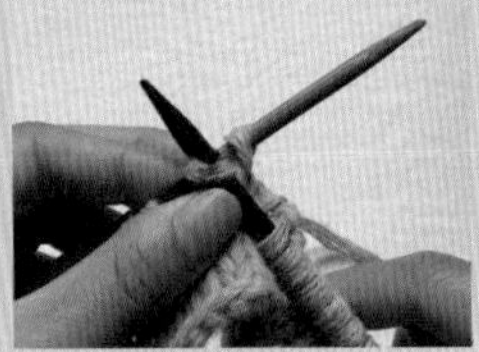

② 다음 코에 겉뜨기 방향으로 바늘을 넣는다.

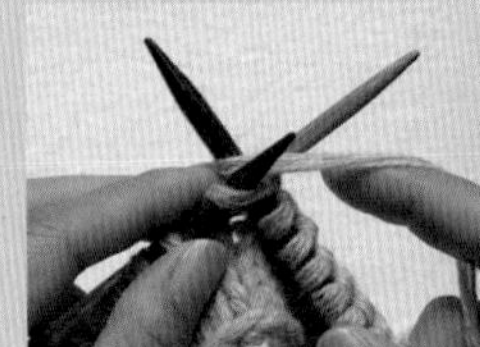

③ 오른쪽 바늘에 시계 반대 방향으로 실을 감는다.

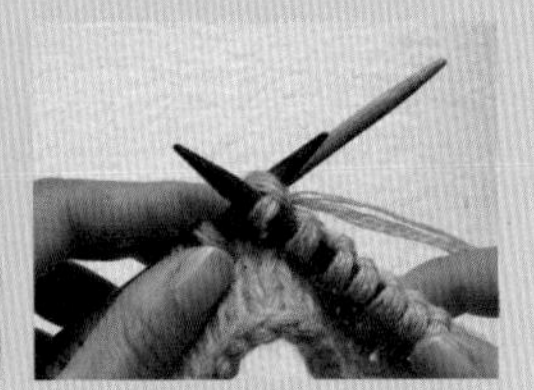

④ 실을 감은 채로 오른쪽 바늘을 되돌아 뺀다.

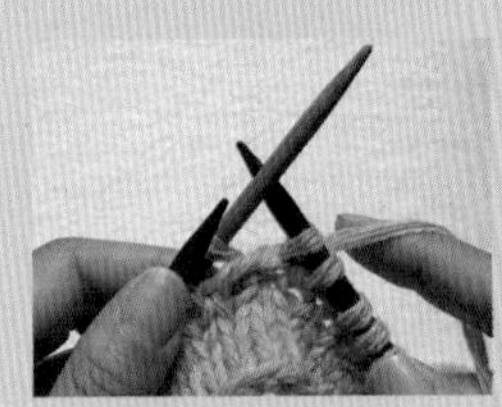

⑤ 왼쪽 바늘에서 방금 뜬 코를 뺀다. (겉뜨기)

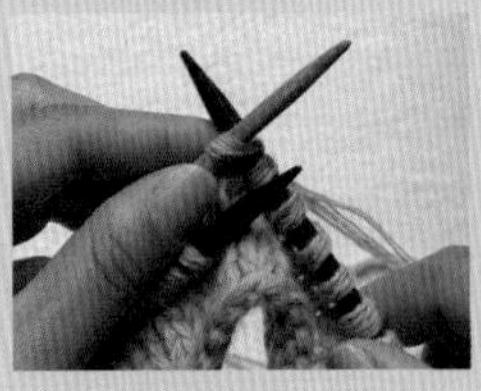

⑥ 장갑바늘로 옮긴 코에 겉뜨기 방향으로 바늘을 넣는다.

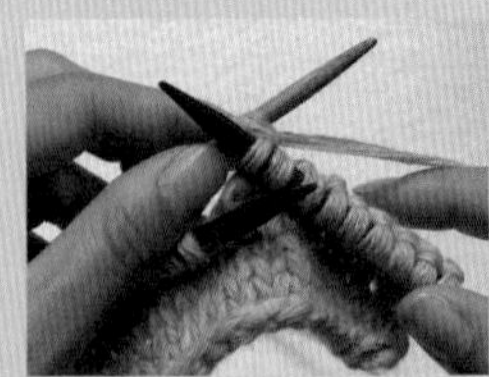

⑦ 겉뜨기를 한다.

11 오른코 위 2코 교차뜨기

① 2코를 장갑바늘로 옮기고 앞에 둔다.

② 다음 코에 겉뜨기 방향으로 바늘을 넣는다.

③ 2코를 겉뜨기한다.

④ 장갑바늘로 옮긴 첫 코에 겉뜨기 방향으로 바늘을 넣는다.

⑤ 겉뜨기를 한다.

⑥ 장갑바늘에 남은 코도 겉뜨기한다.

12 왼코 위 2코 교차뜨기

① 2코를 장갑바늘로 옮기고 뒤에 둔다.

② 다음 코에 겉뜨기 방향으로 바늘을 넣는다.

③ 2코를 겉뜨기한다.

④ 장갑바늘로 옮긴 첫 코에 겉뜨기 방향으로 바늘을 넣는다.

⑤ 겉뜨기를 한다.

⑥ 장갑바늘에 남은 코도 겉뜨기한다.

13 코 늘리기

① 실을 오른쪽 바늘 뒤에 둔다.

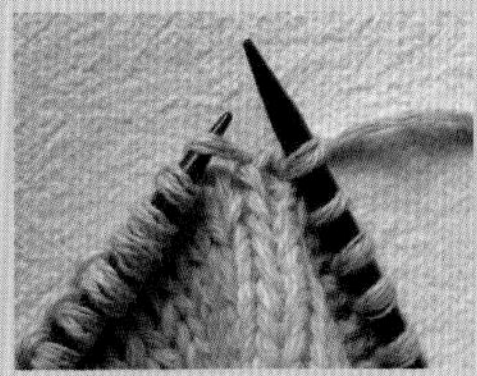

② 양 바늘 사이에 걸린 실을 왼쪽 바늘로 끌어 올린다.

③ 오른쪽 바늘을 끌어 올린 코 안에서 밖으로 넣는다.

④ 겉뜨기를 한다.

⑤ 코가 늘어난 모습.

14 (겉뜨기)코막음

① 첫 코를 겉뜨기한다.

② 두 번째 코도 겉뜨기한다.

③ 첫 코를 왼쪽 바늘에 건다.

④ 걸린 코를 당겨 오른쪽 바늘에서 뺀다. (다음 코를 씌워준다.)

⑤ ②~④를 반복한다.

15 (안뜨기)코막음

① 첫 코를 안뜨기한다.

② 두 번째 코도 안뜨기하고 첫 코를 왼쪽 바늘에 건다.

③ 걸린 코를 당겨 오른쪽 바늘에서 뺀다. (다음 코에 씌워준다.)

④ ②~③을 반복한다.

16 단과 단 연결

① 돗바늘에 실을 꿰어 한쪽 단 1코에 통과시킨다.

② 다른 편물에도 돗바늘로 동일하게 통과한다.

③ 실을 당기면서 연결한다.

④ ①~③을 지그재그로 반복한다.

⑤ 실을 당기며 편물을 연결한다. 끝까지 반복한다.

17 단에서 코잡기

① 편물을 가로로 놓고 첫 코에 바늘을 넣어 뜰 실을 건다.

② 실이 걸린 채로 바늘을 도로 코 밖으로 빼 새 코를 만든다.

③ 다음 코에 바늘을 넣고 겉뜨기한다.

◆ 꼭 반코가 아닌 한 코에 바늘을 넣는다.

④ ①~③을 반복해서 코를 잡는다.

18 매직사슬링

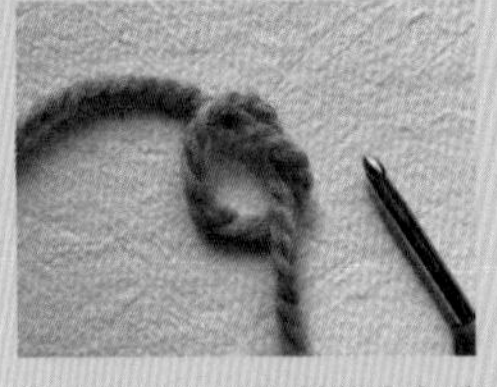

① 사진처럼 실을 헐렁하게 매듭짓는다.

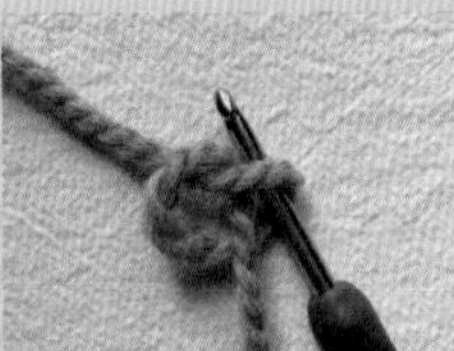

② 코바늘로 위의 실을 끌어온다.

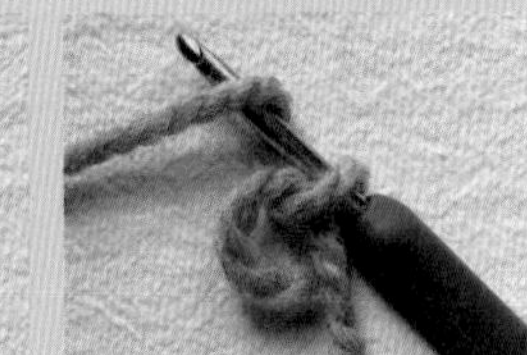

③ 바늘에 실을 감는다.

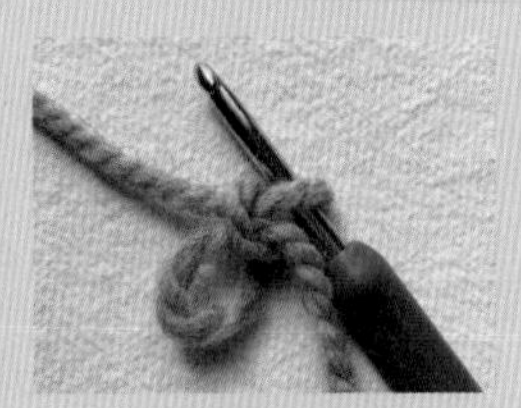

④ 바늘에 실을 감은 채로 ②의 구멍을 통과한다.

⑤ 사슬링의 큰 구멍에 다시 바늘을 넣는다.

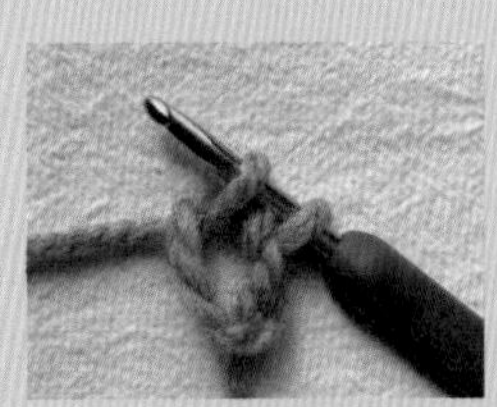

⑥ 바늘에 실을 감은 채로 큰 구멍을 통과해 2코를 만든다.

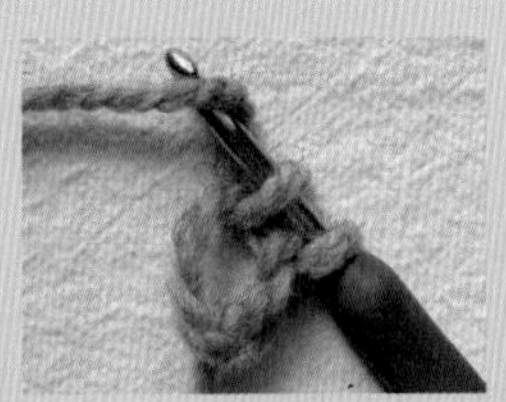

⑦ 2코가 걸린 채로 바늘에 실을 감는다.

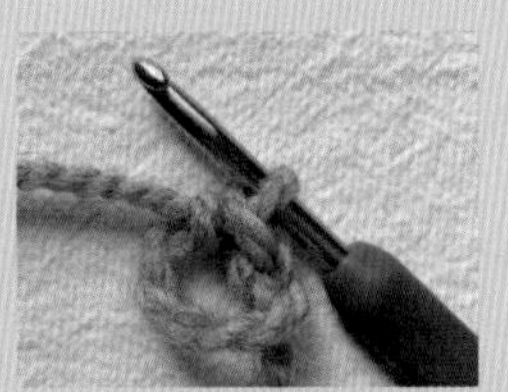

⑧ 감은 실을 바늘 끝으로 당겨 걸린 2코 사이로 한 번에 뺀다.

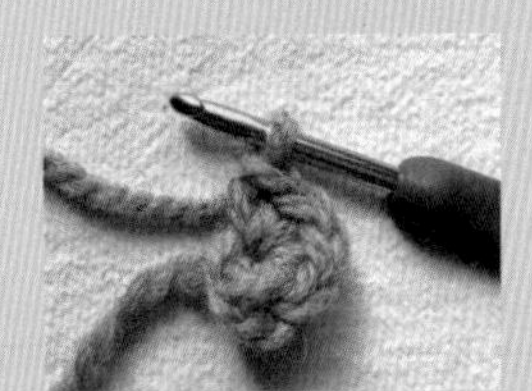

⑨ ⑤~⑧을 필요한 콧수만큼 반복한다.

◆ 예시 기호에 따르면 6코를 만든다.

19 사슬뜨기

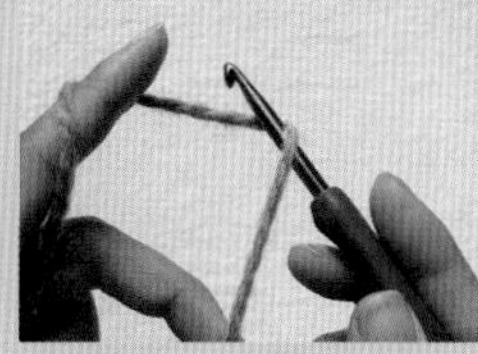

① 검지에 실을 걸고 엄지와 중지로 실 꼬리를 잡아 코바늘 자리를 잡는다.

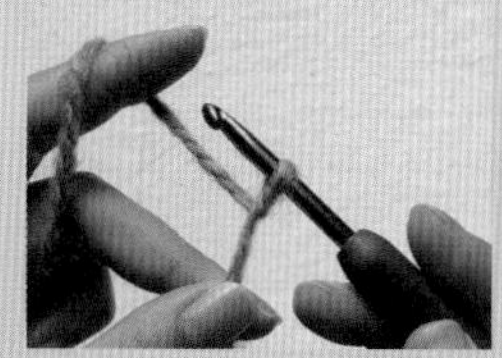

② 바늘을 한 바퀴 돌려 실을 감는다.

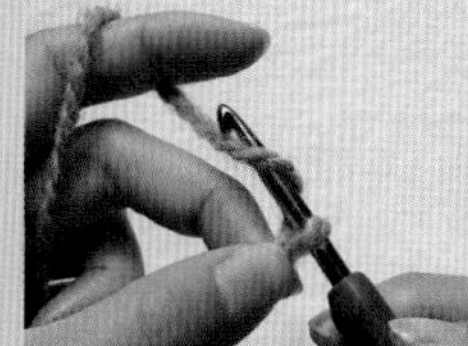

③ 바늘에 실을 감는다.

④ 감은 실을 바늘 끝으로 당겨 ②구멍으로 뺀다.

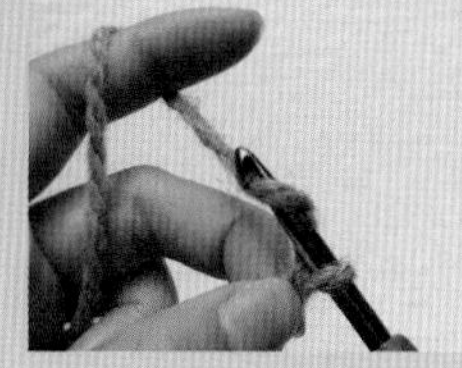

⑤ 다시 바늘에 실을 감는다.

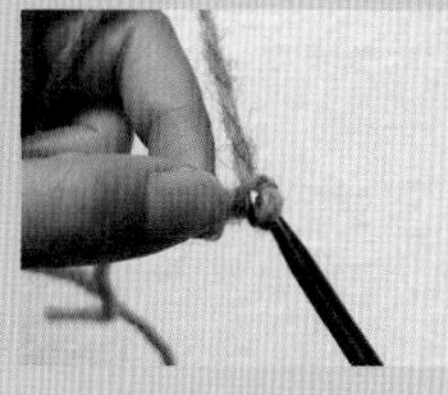

⑥ 감은 실을 구멍으로 다시 뺀다.

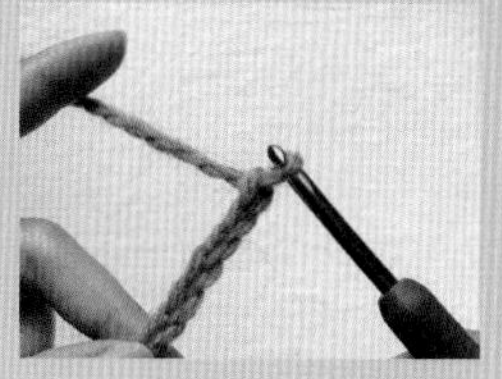

⑦ ⑤~⑥을 원하는 콧수만큼 반복한다.

20 짧은뜨기

① 코에 코바늘을 넣고 실을 건다.

② 걸린 실을 바늘 끝으로 당겨 코 밖으로 뺀다.

③ 다시 바늘에 실을 감는다.

④ 감은 실을 바늘 끝으로 당겨 걸린 코 사이로 뺀다.

⑤ 1코가 걸린 채로 다음 코에 바늘을 넣고 실을 감는다.

⑥ 감은 실을 바늘 끝으로 당겨 코 밖으로 뺀다.

⑦ 2코가 걸린 채로 다시 바늘에 실을 감는다.

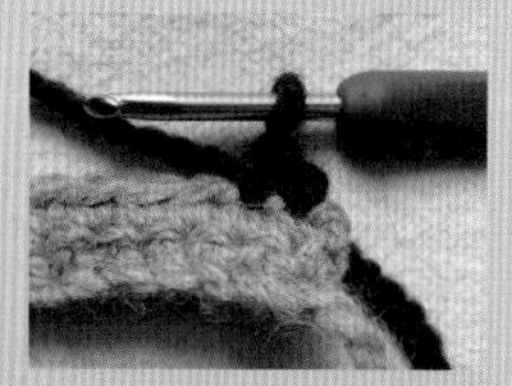

⑧ 감은 실을 바늘 끝으로 당겨 걸린 2코 사이로 한 번에 뺀다.

⑨ ⑤~⑧을 필요한 만큼 반복한다.

21 짧은 이랑뜨기

① 1코가 아닌 반코에 코바늘을 넣는다.

② 실을 걸어 반코 밖으로 뺀다.

③ 다시 바늘에 실을 감는다.

④ 감은 실을 바늘 끝으로 당겨 걸린 코 사이로 뺀다.

⑤ 다음 반코에 바늘을 넣고 실을 감는다.

⑥ 감은 실을 바늘 끝으로 당겨 반코 밖으로뺀다.

⑦ 다시 바늘에 실을 감아 2코 사이로 한 번에 뺀다.

⑧ ⑤~⑦을 필요한 콧수만큼 반복한다.

22 1코 늘려뜨기

① 짧은뜨기를 한 모습.

② 짧은뜨기를 한 코에 다시 코바늘을 넣는다.

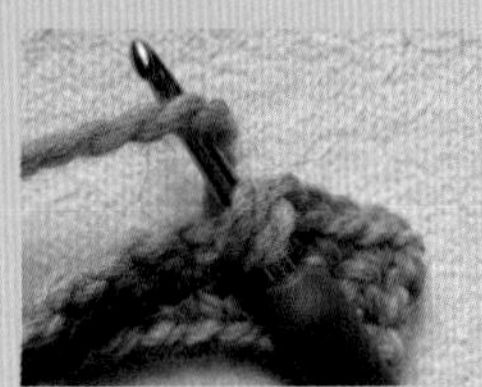
③ 바늘에 실을 감고 당겨 걸린 2코 사이로 한 번에 뺀다.

④ 한 코에 짧은뜨기를 2회 해서 1코가 늘어난 모습.

23 2코 모아뜨기

① 짧은뜨기를 한 모습.

② 다음 코에 코바늘을 넣었다 실을 감아 뺀다.

③ 그 다음 코에서도 반복한다.

④ 바늘에 실을 감아 걸린 3코 사이로 한 번에 뺀다.

⑤ 2코가 1코로 줄은 모습.

24 긴뜨기

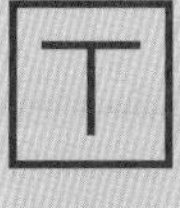

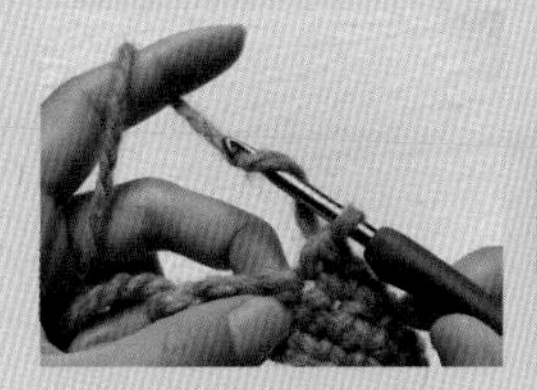

① 코바늘에 실을 감는다.

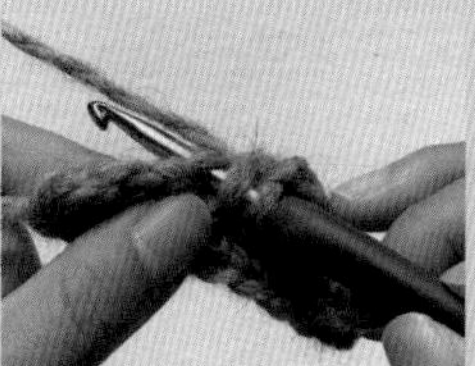

② 실을 감은 채로 다음 코에 바늘을 넣는다.

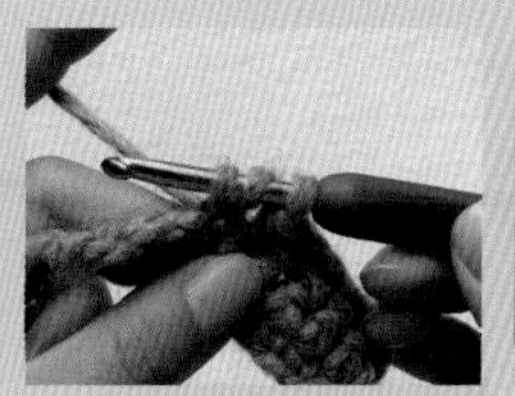

③ 바늘에 실을 감아 코 밖으로 뺀다.

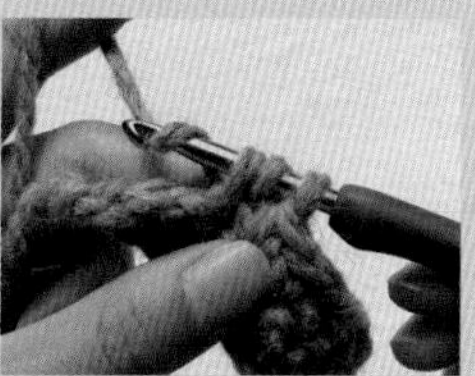

④ 다시 바늘에 실을 감아 3코 사이로 한 번에 뺀다.

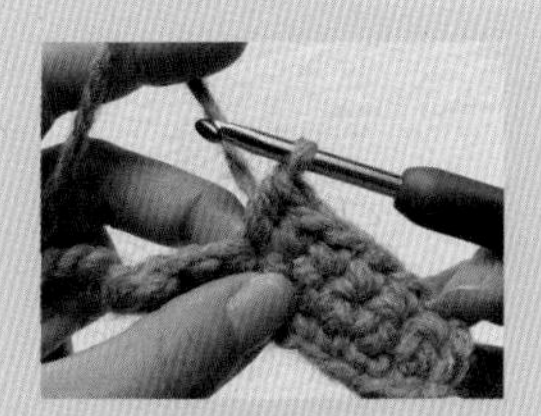

⑤ 긴뜨기를 한 모습.

25 빼뜨기

① 다음 코에 코바늘을 넣는다.

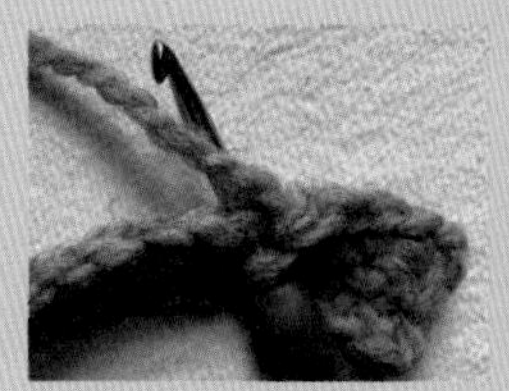

② 바늘에 실을 감는다.

③ 감은 실을 바늘 끝으로 당겨 코 밖으로 뺀다.

④ 아직 감겨 있는 실을 걸린 1코 사이로 뺀다.

⑤ ①~④를 필요한 콧수만큼 반복한다.

26 되돌아 짧은뜨기

① 뜨는 방향을 반대로 진행한다.

② 뒷코에 코바늘을 넣는다.

③ 바늘에 실을 감아 바늘 끝으로 당겨 코 밖으로 뺀다.

④ 다시 바늘에 실을 감아 2코 사이로 한 번에 뺀다.

⑤ ②~④를 필요한 만큼 반복한다.

27 고무코 잡기

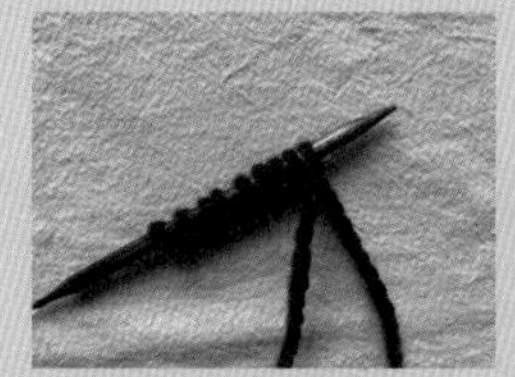
① 필요한 콧수의 절반을 밑실로 잡는다.

② 작품을 뜰 실로 3단 평단을 뜬다.

③ 밑실에 걸린 코는 겉뜨기를 한다.

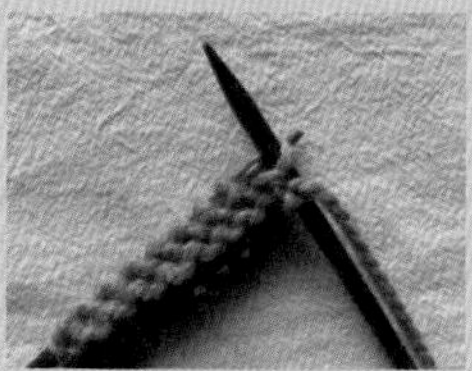
④ 바늘에 걸린 코는 안뜨기를 한다.

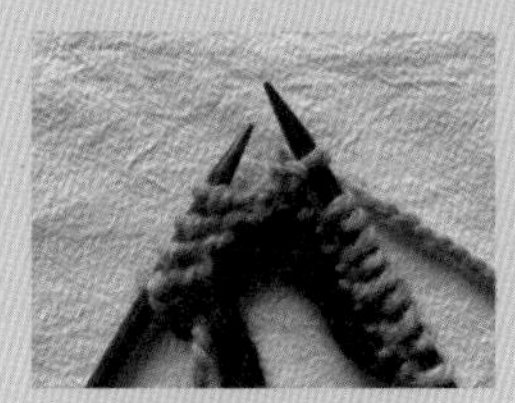
⑤ ③~④를 반복한다.

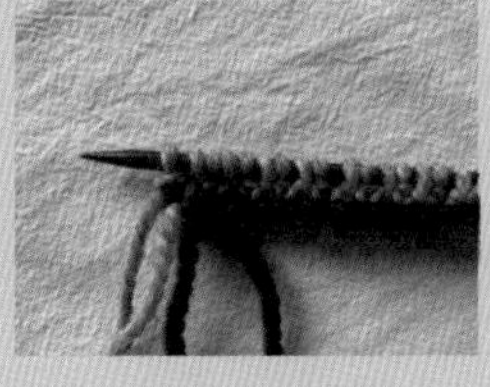
⑥ 코가 2배로 늘어난 모습.

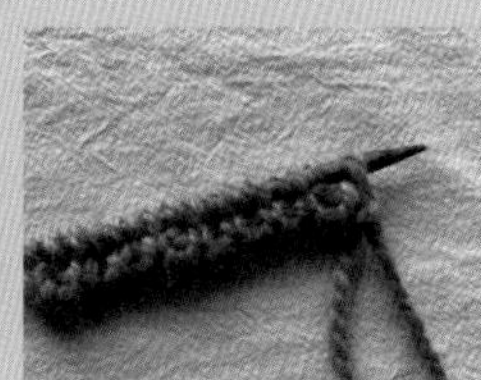
⑦ 밑실을 제거한다.

28 고무코 마무리

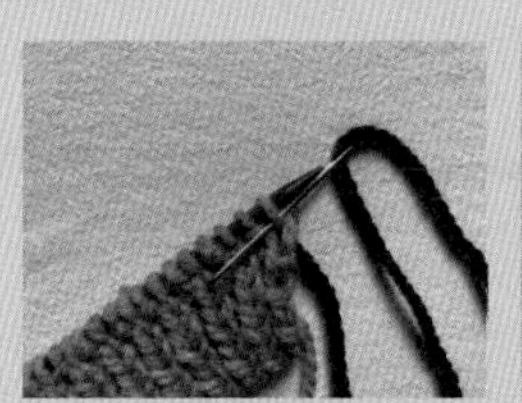
① 겉뜨기 코는 안뜨기 방향으로 돗바늘을 통과한다.

② 안뜨기 코는 겉뜨기 방향으로 돗바늘을 통과한다.

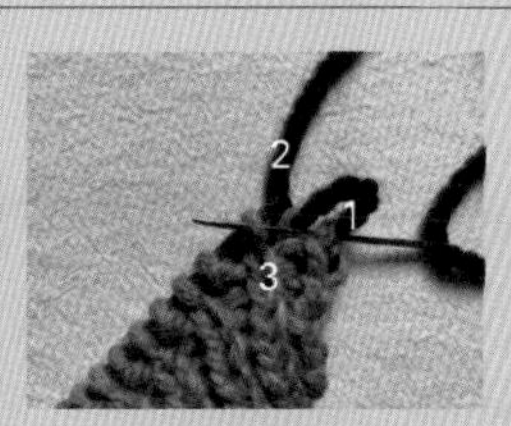

③ 1과 3에 안뜨기 방향으로 돗바늘을 넣고 통과한다.

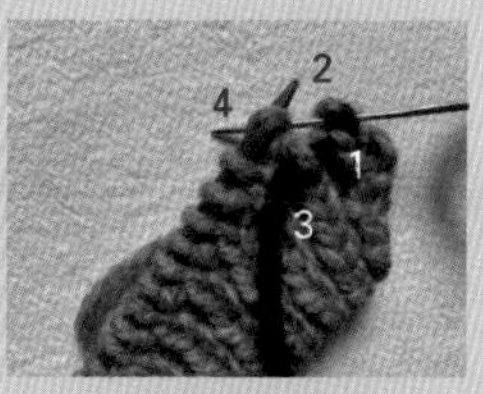

④ 2와 4에 겉뜨기 방향으로 돗바늘을 넣고 통과한다.

⑤ 3과 5에 안뜨기 방향으로 돗바늘을 넣고 통과한다.

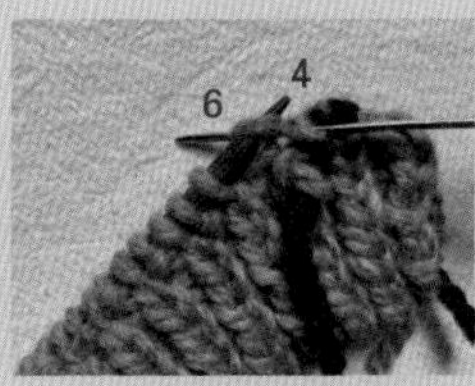

⑥ 4와 6에 겉뜨기 방향으로 돗바늘을 넣고 통과한다.

⑦ 마지막 코까지 ③~⑥을 반복한다.

⑧ 고무코를 마무리한 모습.

게이지 이해하기

◆-◇-◆

게이지란, 편물에서 10 × 10cm 크기를 임의로 정해 안에 몇 코, 몇 단이 들어가는지 측정한 단위를 말합니다. 뜨고 싶은 작품의 실이 정해지면 그 굵기에 맞춰 바늘을 선택하는데, 본격적인 뜨개 작품을 시작하기 전에 샘플처럼 작은 편물을 제작하여 조금 더 정확한 크기의 작품이 나올 수 있도록 도와주는 과정입니다.

이 책에는 작품마다 각각 표기된 게이지가 있는데, 예시와 같은 크기로 완성하기 위해서는 동일한 '게이지'로 맞추는 것이 중요합니다. 개인의 손힘에 따라 게이지가 달라질 수 있으므로 텐션에 맞춰 바늘을 바꾸어주는 것 또한 좋은 방법이며, 편물의 모양이 최대한 일정하게 나오는 것이 무엇보다 중요합니다.

보통 게이지는 넉넉하게 15 × 15cm 크기를 뜨고 편물 중앙 부분 가로와 세로를 10cm씩 잰 것을 기준으로 표기합니다. 게이지가 다르게 나온다면 바늘의 사이즈를 조정하거나 뜨개를 하면서 콧수와 단수를 조절합니다. 단수를 조절해 길이를 조정하는 것은 비교적 쉬우나, 뜨는 도중 너비를 조정하는 것은 어렵기 때문에 콧수는 작품 게이지에 최대한 맞추어 주는 것이 편리합니다.

뜨개 TIP

◆-◇-◆

① 같은 실과 바늘이라도 게이지가 다를 수 있습니다. 뜨개는 수작업이라 같은 사람이 같은 실과 바늘을 사용하더라도 종종 게이지가 다르게 나올 수 있으니 너무 신경 쓰지 않아도 괜찮습니다.

② 실을 연결할 때는 단의 시작이나 끝에서 묶어줍니다. 단을 중간에서 잇는 경우 나중에 실을 정리하기가 어렵고 자칫 세탁하다가 실이 풀리는 경우가 있습니다. 실이 조금 아깝더라도 단의 시작 부분에서 미리 묶어서 정리합니다. (단, 풀리지 않는 방법으로 묶으셨다면 어디에서 연결해도 좋습니다.)

③ 코를 줄이는 방법은 여러 가지가 있습니다. 이 책에서 알려주는 코 줄이기 대신 원하는 모양으로, 취향대로 코 줄이기를 해도 괜찮습니다.

④ 같은 브랜드의 실이라도 굵기 차이가 날 수 있습니다. 일부 실은 염색 공정으로 인해 색마다 차이가 있을 수 있습니다.

⑤ 어떤 실은 중간에 매듭이 있기도 합니다. 많은 실이 특정 무게를 기준으로 판매되기 때문에, 실의 무게를 맞추기 위해 중간에 실을 연결하여 짧은 매듭이 생기는 경우가 있습니다. 이럴 때는 실을 그냥 두기보다는 풀리지 않는 방법으로 묶어주거나 끊은 후 단의 시작 부분에 다시 묶습니다.

⑥ 도안은 옷의 겉면이 기준입니다. 이 책에 나오는 도안은 모두 평뜨기 도안으로, 짝수단은 안면임으로 부호를 반대로 진행합니다.

1

클라우디 판초 & 카디건

구름처럼 폭신폭신 가벼운 클라우디 판초와 카디건은 겉뜨기와 안뜨기만 할 수 있다면 누구든 쉽게 만들 수 있습니다. 소재에 변화를 준다면 계절별로 무한한 매력을 발견할 수 있어요.

How to make p.72

2

미드나잇 하오리 카디건

박시하고 루즈한 핏과 앞부분의 포인트 단이 특징인 하오리 스타일의 카디건입니다. 교토 여행에서 작업한 이 옷은, 제가 가장 사랑하는 디자인 중 하나입니다. 톡톡한 두께감과 포근한 착용감으로 남녀 모두에게 어울립니다. 어려운 뜨개 스킬을 사용하지 않아 초보 니터도 무리 없이 뜰 수 있어요.

How to make p.78

3

플럼 레이디 스웨터 & 카디건

몽실몽실한 소매 끝 퍼프가 사랑스러운 플럼 레이디는 앞판 디자인에 따라 카디건이 될 수도, 스웨터가 될 수도 있습니다.
빈티지한 트리밍 장식으로 유니크한 느낌을 주는 이 작품은 페미닌하고 러블리한 느낌의 코디에 잘 어울리는 아이템입니다.

How to make p.86

4

앤 & 길버트 풀오버

목가적인 느낌의 앤 & 길버트 풀오버는 겉뜨기 한 줄, 1×1 고무뜨기 한 줄로 이루어져 비교적 난이도가 낮은 스웨터입니다. 박시한 라인과 베이직한 디자인으로 데님이나 원피스와 매치하면 좋은 데일리 아이템입니다. 이름에서 드러나듯 〈빨강 머리 앤〉을 보면서 캐스트 온 한 작품입니다.

How to make p.98

5

고요한 밤에 카디건

어떤 차림에도 편안하게 코디할 수 있는 카디건으로 꾸준히 사랑받고 있는 마마랜스의 인기 아이템입니다. 뒷판에서 앞판으로 자연스럽게 이어 뜨며 완성합니다.

How to make p.108

6

코안도르 스웨터

한 단 안에서 겉뜨기와 안뜨기를 번갈아 가며 떠서, 쉬우면서도 과감한 느낌의 패턴을 연출할 수 있는 스웨터입니다. 영화 〈양과자점 코안도르〉 속 시골 아가씨 나츠메에게 선물하고 싶다는 마음으로 만들었습니다. 톤 다운된 컬러로 뜬다면 한층 더 클래식하고 빈티지하게 연출할 수 있어요.

How to make p.114

7

퐁퐁 폴카 닷 뷔스티에

마마랜스의 아이템 중 활용도가 가장 높은 뷔스티에. 원피스나 가벼운 셔츠에 매치하기 좋다고 극찬받은 아이템입니다. 여름에는 리넨 소재로 변경해 하나만 가볍게 입기도 좋아요. 바늘 비우기와 겹쳐뜨기로만 이루어진 패턴이라 보기보다 어렵지 않습니다.

How to make p.120

8

플레이 울 셋업

집에서도, 밖에서도 노멀하게 착용할 수 있는 활동성 좋은 스웨터와 숏 팬츠입니다. 팬츠의 허리 부분에 끈을 넣어 둘레를 조절할 수 있으며, 기장을 조절해서 롱 팬츠로 만들 수도 있습니다. 스웨터와 팬츠는 따로 입어도 좋은 캐주얼한 아이템이지요. 허리 부분은 쉽게 뜰 수 있는 메리야스 뜨기로 구성했어요.

How to make p.130

9

레트로 애버딘 카디건

스코틀랜드의 꽃 시장에서 만난 귀여운 할머니에게 영감을 얻어 디자인한 카디건입니다. 쉬운 꽈배기로 구성되어 클래식하면서도 사랑스럽습니다. 독특함 없는 기본 케이블 카디건이지만, 유행을 타지 않아 가을부터 겨울까지 여기저기 매치해 입을 수 있습니다.

How to make p.144

10

오슬로 원피스

마마랜스에서 큰 인기를 누린 오슬로 스웨터를 변형시켜 만든 오슬로 원피스입니다. 가장 베이직하면서도 클래식한 아란 무늬로 구성해 유행을 타지 않습니다. 꽈배기가 들어가는 단수를 통일해 따라 뜨기 쉽게 디자인했습니다. 길이를 조절해 스웨터로 응용해도 좋아요. 이름은 오슬로지만 캘리포니아 여행 내내 현지인들에게 칭찬받았던 아이템이랍니다.

How to make p.156

11

파트라슈 세일러 카디건

마마랜스에서 가장 많은 사랑을 받은 파트라슈 세일러 카디건은 〈플란다스의 개〉를보며 컬러링했습니다. 동화처럼 사랑스러운 디자인과 차분한 색감, 독특한 스티치가 돋보이는 아이템입니다. 언젠가 이 카디건을 입고 벨기에로 여행가는 꿈을 꿉니다.

How to make p.168

12

플러피 버킷햇

짧은뜨기 & 짧은 이랑뜨기 & 되돌아 짧은뜨기. 모두 짧은뜨기를 살짝 변형한 기법입니다. 하나쯤 만들어두면 데일리로도, 여행할 때도 멋지게 활용할 수 있는 아이템입니다. 챙 전체를 이랑뜨기로 만들면 조금 더 부드러운 모양으로 완성돼요.

How to make p.180

13

청키 벌키 베레모

베레모 애호가들에게 완벽한 형태라는 칭찬을 받은 베레모입니다. 머리 모양에 맞춰 높이를 조절하고 줄이기를 시작하면 내게 딱 맞게 완성할 수 있어요. 낭만적인 가을 & 겨울 여행의 필수품입니다.

How to make p.184

14

더블 사이드 이어워머

안과 밖을 다른 컬러로 떠서, 양면으로 돌려 사용할 수 있는 이어워머입니다. 양면이기 때문에 더욱 톡톡하게 완성되어 추운 겨울에 활용도가 높은 아이템이에요. 자투리 실을 활용해 고마운 분들에게 따뜻한 선물을 해보세요!

How to make p.188

일상 니트 뜨기

클라우디 판초 & 카디건

 수리 알파카 94(판초) / 67(카디건) - 13볼

 대바늘 7.0mm, 모사 코바늘 10호

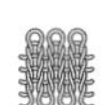 13코 × 18단

 가슴 62 / 총장 53 / 소매 30(cm)

a. 실 2겹을 합쳐 뜹니다.

b. 동일한 편물 4개를 이어 붙인 후 소매를 탑다운으로 떠내려갑니다

c. 꿰매는 방식에 따라 판초 또는 카디건으로 만들 수 있습니다.

d. 취향에 따라 완성 후 테두리를 짧은뜨기로 마무리합니다.

✲ 제작 순서 ✲

몸판 4개 → 앞, 뒤판 어깨 연결 → 소매 → 소매, 몸판 옆선 꿰매기

→ 몸판 좌우 연결 (앞뒤 꿰매기에 따라 판초 or 카디건)

판초

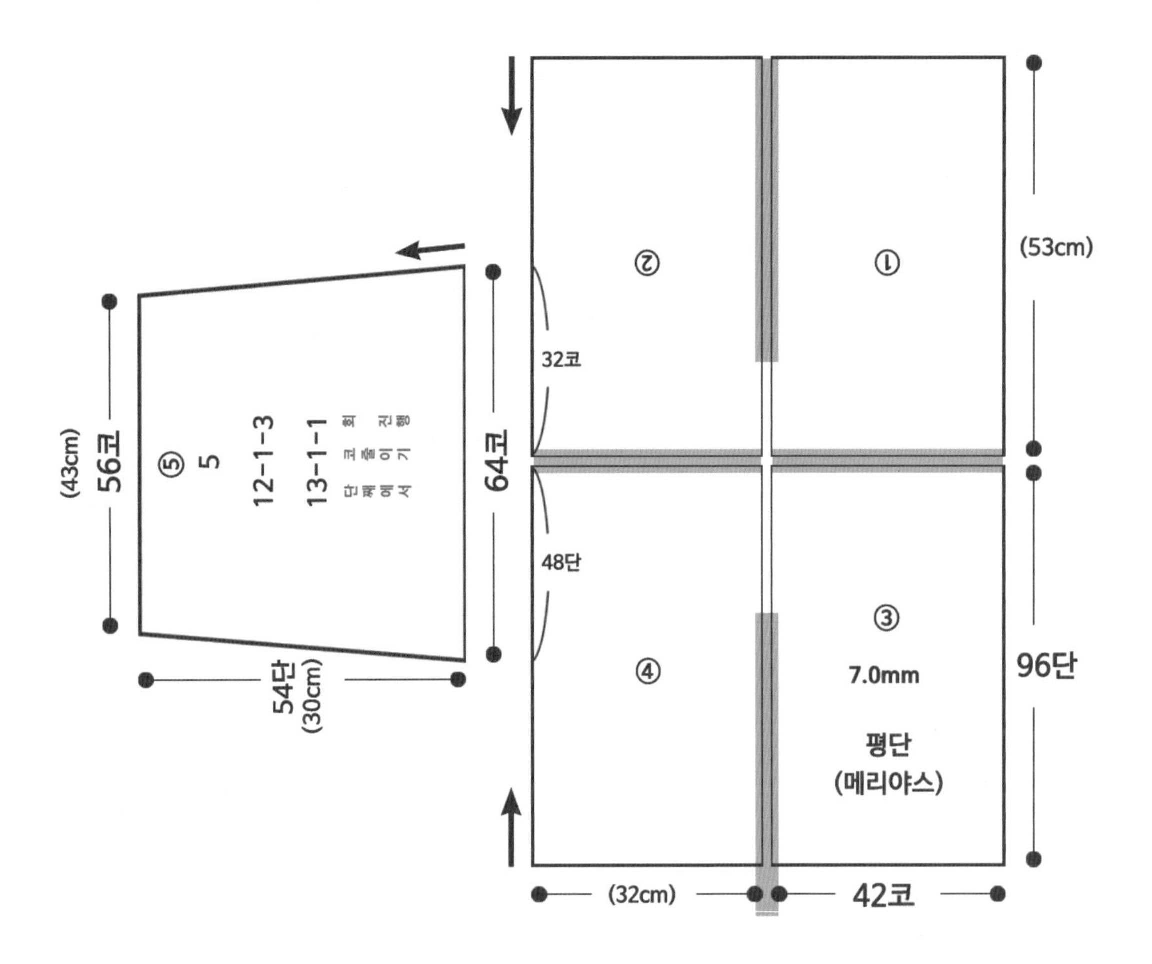

①,③ 그리고 ②,④끼리( ) 어깨를 연결합니다.

①,② 그리고 ③,④끼리 돗바늘로 꿰매어 연결합니다.

앞판 연결 여부에 따라 판초나 카디건으로 완성됩니다.

카디건

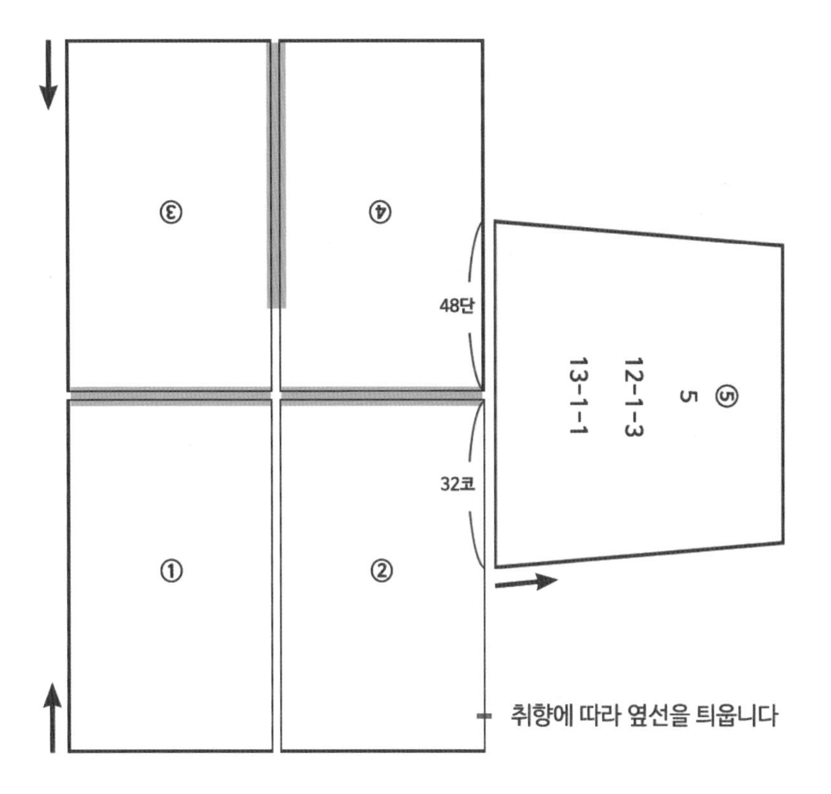

FRONT, BACK (앞, 뒤판)

앞, 뒤판

1. 실 2겹과 7.0mm 대바늘로 42코를 잡은 후, 안뜨기부터 시작해 메리야스뜨기로 96단을 뜹니다. (이때, 코를 잡은 단을 1단으로 카운팅합니다.)
2. 동일한 편물을 총 4개 뜹니다. (소재 특성상 끝이 많이 말리지 않지만, 다른 소재를 사용하는 경우 밑단에 고무뜨기나 가터뜨기를 하면 말리는 걸 방지할수 있습니다.)
3. 먼저, 2개씩 짝을 지어 어깨를 연결합니다. 옆면은 소매를 탑다운으로 뜬 후에 연결합니다.

SLEEVE (소매)

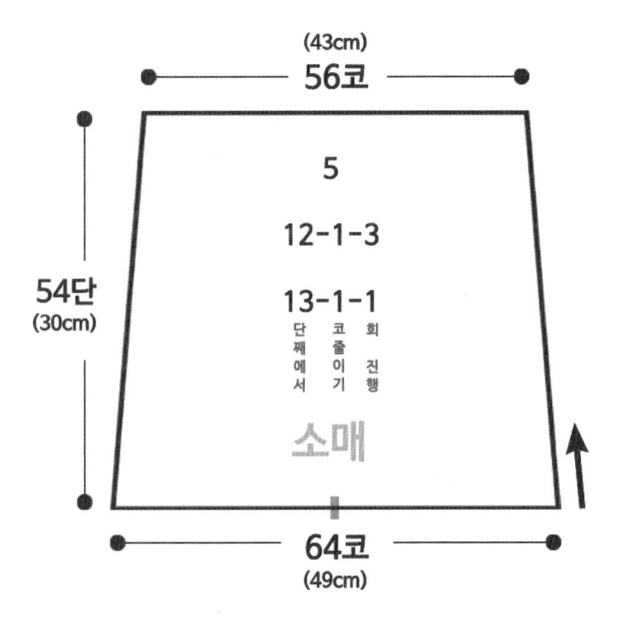

1. 어깨 연결 후, 어깨에서 48단 내려가며 코잡기를 시작합니다. 2코를 잡고 1코 건너뛰기를 반복해 앞판에서 32코를 잡습니다. 뒤판까지 이어서 똑같이 48단까지 32코를 잡습니다. 즉, 96단 안에서 64코를 잡습니다.
2. 코를 잡은 단을 1단으로 카운팅하고 13단에서 양옆 1코 줄이기를 합니다.
3. 이후 매 12단마다 양옆 1코 줄이기를 3회 반복합니다. 마지막으로 5단을 떠서 겉뜨기 코막음 또는 코바늘의 빼뜨기로 마무리합니다.
4. 소매 끝부터 몸판의 옆선까지 꿰매어 연결합니다. 취향에 따라 몸판 하단 옆선을 살짝 띄우거나 끝까지 꿰맵니다.

STRING (스트링)

1. 판초의 경우 뒷판의 양쪽에 스트링을 1개씩 달아 리본 모양으로 묶습니다.
2. 실 2겹을 3m 길이로 준비해 더블 체인 기법으로 뜹니다. (조금 더 긴 스트링을 만들고 싶다면 4~5m 길이의 실을 준비합니다.)
3. 스트링을 2개 만들어 원하는 위치에 달고 묶습니다.

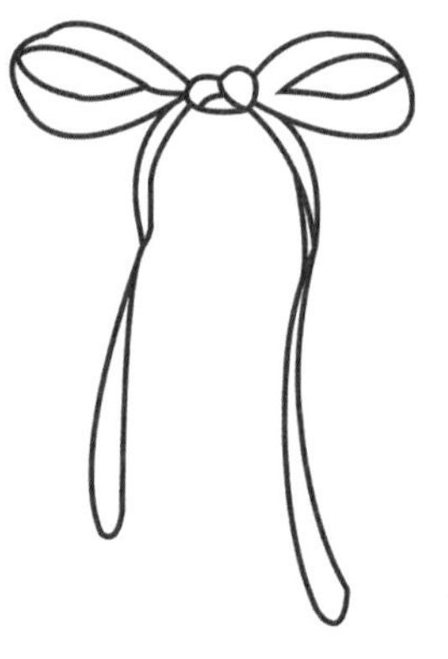

SLEEVE (소매)

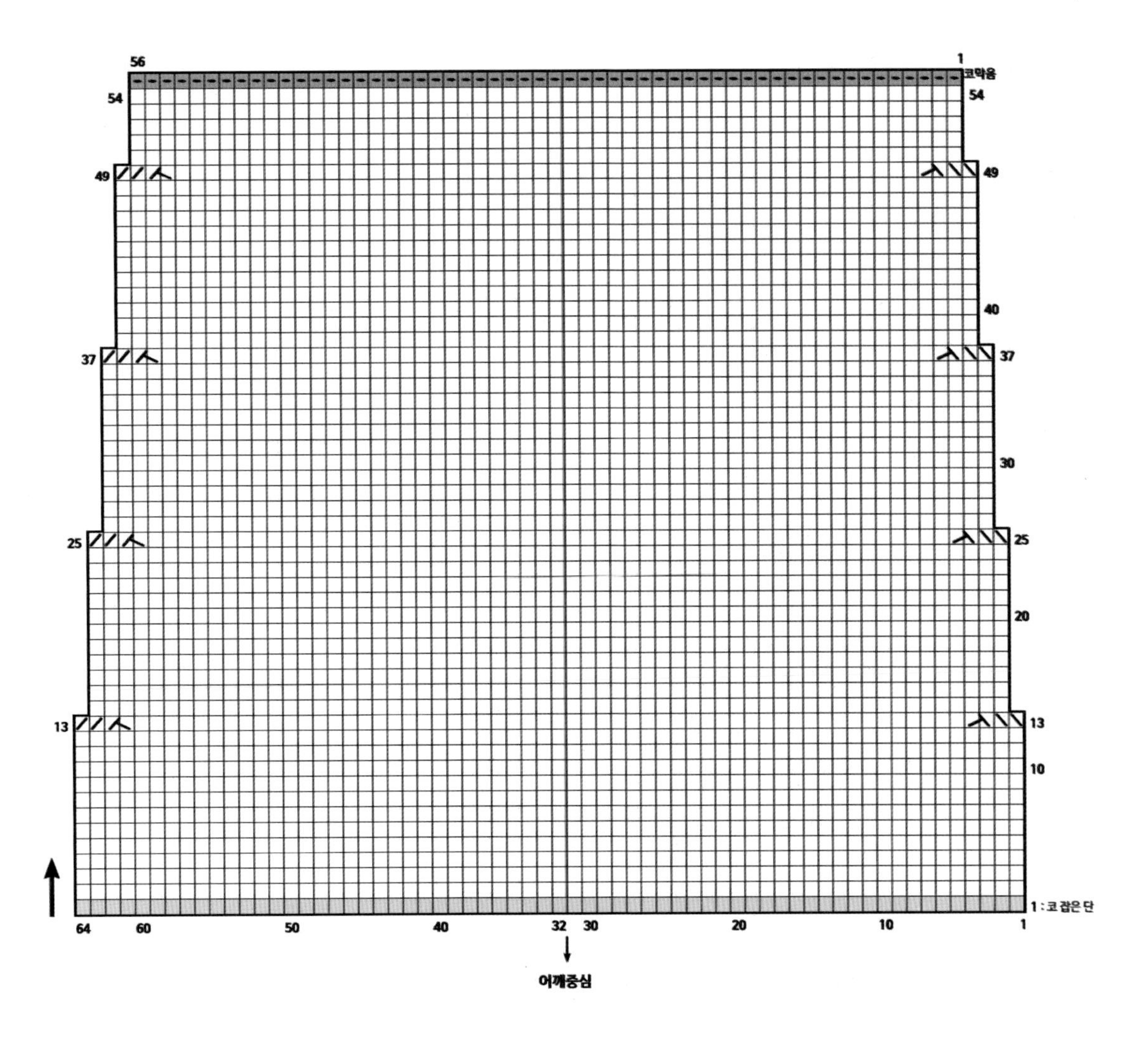

□=□=□=□ : 겉뜨기

□ : 겉뜨기로 1코를 빼서 1코를 뜬 후 씌워주기

□ : 겉뜨기로 2코를 겹쳐뜨기

미드나잇 하오리 카디건

 파시오네 98, 68 - 각 8볼 & 35 - 11볼

메리야스 - 대바늘 8.0mm, 고무단 - 대바늘 7.0mm

 메리야스 (평단) 13코 × 18단

 가슴 68 / 어깨 68 / 소매 42 / 암홀 30 / 총장 84(cm)

a. 3가지 실을 1겹씩 총 3겹을 합쳐 뜹니다.

b. 몸판은 바텀업, 소매는 탑다운으로 진행합니다.

c. 텐션이 강한 실이니 당겨 뜨지 않도록 주의합니다.

✲ 제작 순서 ✲

뒤판 → 앞판 → 어깨 연결→ 소매 → 소매, 몸판 옆선 꿰매기 → 앞단 → 앞단 연결

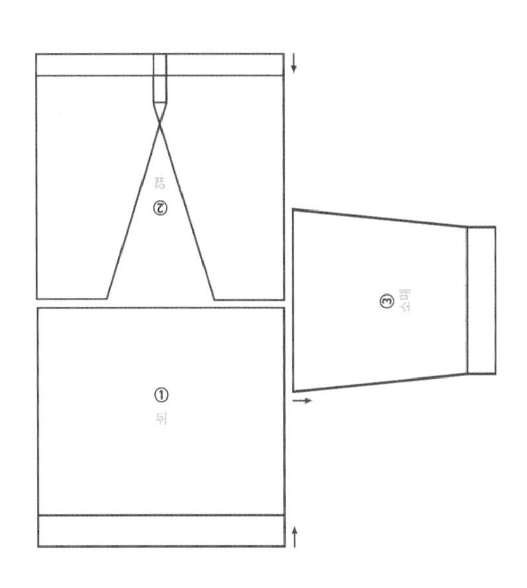

BACK (뒤판)

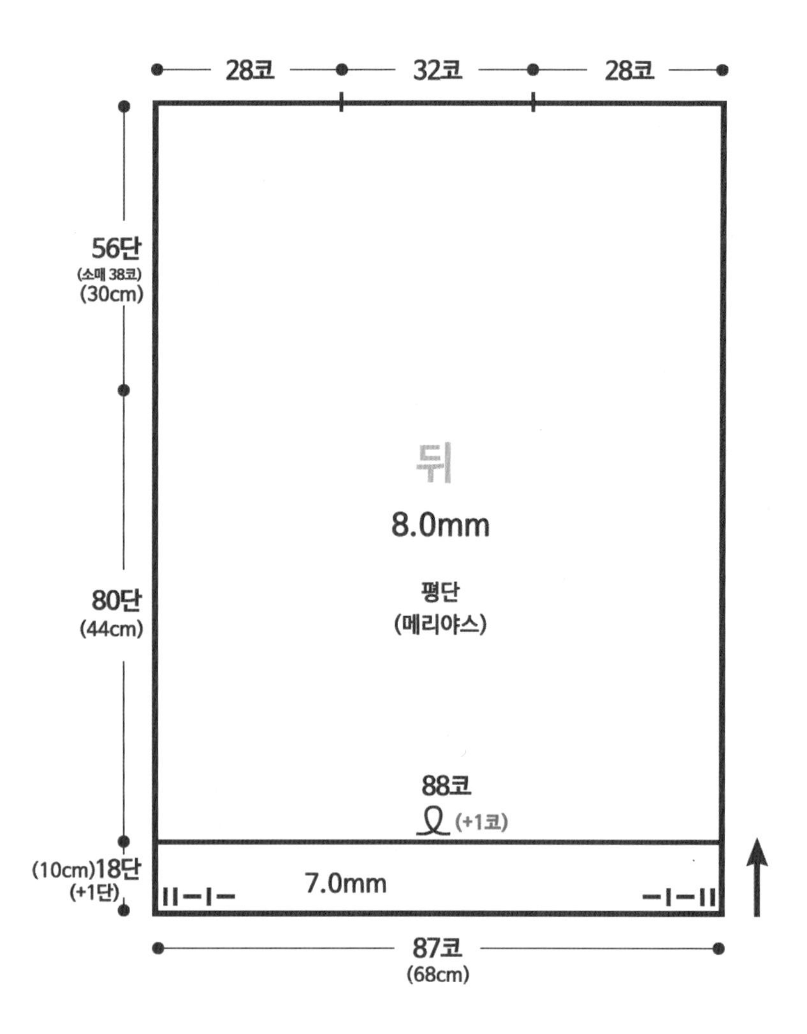

뒤판

1. 실 3겹과 7.0mm 대바늘로 고무코 87코 만들어 18단을 뜹니다. (이때, 사슬이나 밑실로 기초코를 만들면 1단이 더해져 19단이 됩니다.) 옆선을 티우고 싶다면 첫 코는 걸러 뜹니다.
2. 8.0mm 바늘로 바꾸고 43코 뜬 후, 1코를 더 만들어 코를 총 88코로 만듭니다. 메리야스뜨기로 평단 136단을 뜹니다. 뜨다가 80단에 단수핀으로 표시를 해둡니다. 표시한 곳은 앞, 뒤판 연결 후 소매 코를 잡을 위치입니다.
3. 고무단 18단 + 평단 136단을 다 뜨면 별도의 마무리 없이 그대로 두고 앞판을 진행합니다.

FRONT (앞판)

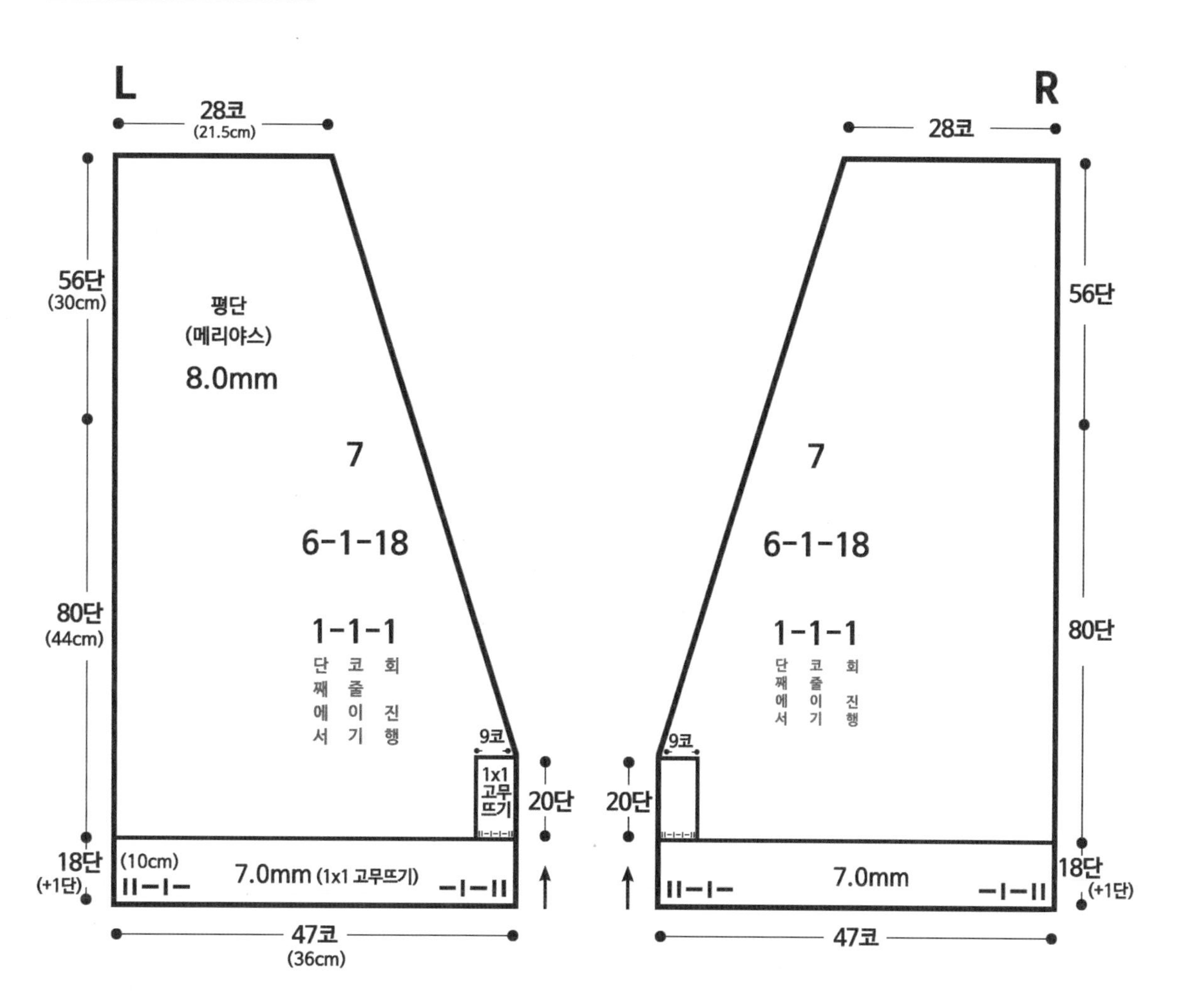

1. 실 3겹과 7.0mm 대바늘로 고무코 47코 만들어 18단을 뜹니다. (이때, 사슬이나 밑실로 기초코를 만들면 1단이 더해져 19단이 됩니다.) 옆선을 띄우고 싶다면 첫 코는 걸러 뜹니다. 고무단의 18단(+1)과 앞단 쪽 20단은 계속 첫 코를 걸러 뜹니다.

2. 8.0mm 바늘로 바꾸고 메리야스뜨기로 평단을 뜹니다. 다만, 처음 앞단 쪽 20단은 앞단 쪽 첫 코를 걸러 뜨고 다음 8코는 고무단 뜨기를 합니다.

3. 고무단 + 평단 20단을 다 뜨고 앞단 쪽 1코를 줄입니다. 오른쪽 앞판은 마지막 4코가 남았을 때, 왼쪽 앞판은 시작 4코에서 코 줄이기를 진행합니다.

4. 다음 매 6단마다 1코 줄이기를 18회 합니다. 마지막으로 평단 7단을 뜨고 뒤판과 어깨를 연결합니다.

FRONT (앞판)

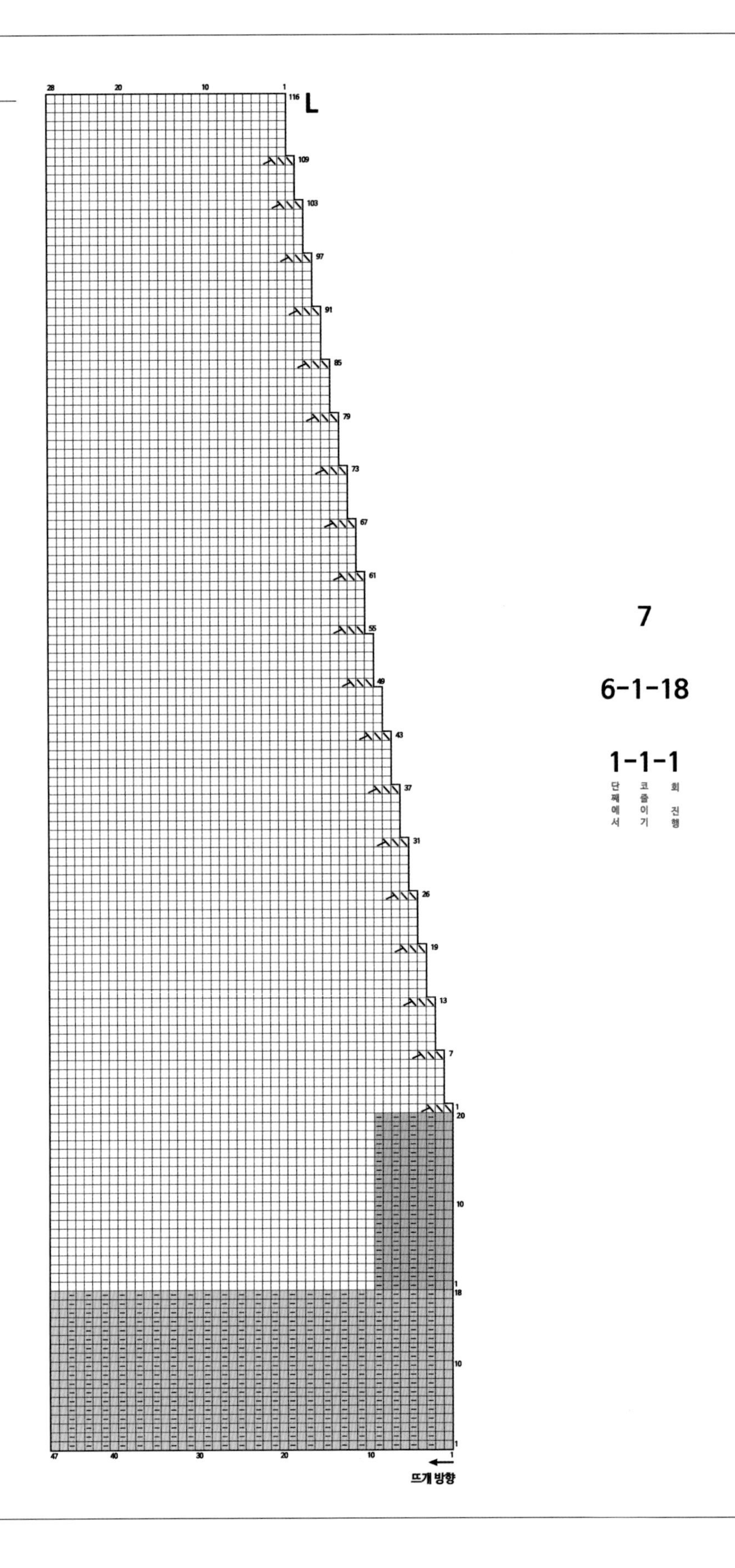

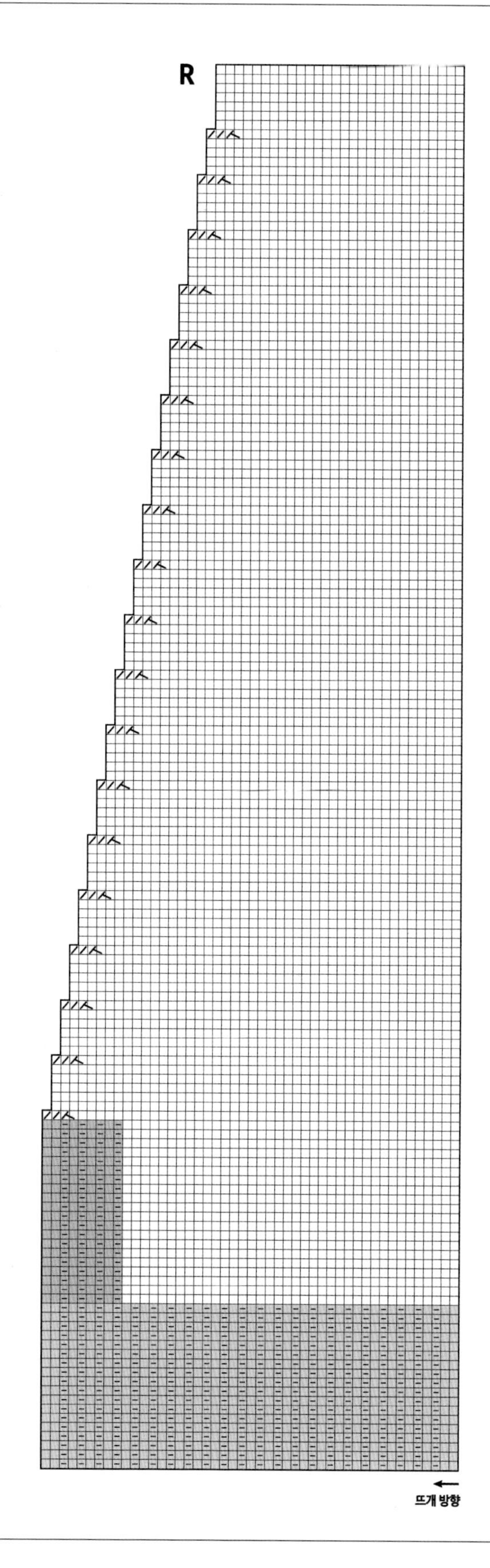

7

6-1-18

1-1-1

단째에서 코줄이기 회진행

□=□=□ : 겉뜨기

□ : 안뜨기

□ : 겉뜨기로 2코를 겹쳐뜨기

□ : 겉뜨기로 1코를 빼서 1코를 뜬 후 씌워주기

SLEEVE (소매)

1. 뒤판에 표시한 부분에서 실 3겹과 8.0mm 대바늘로 코잡기를 시작합니다. 2코를 잡고 1코 건너뛰기를 반복해 앞, 뒤판에 걸쳐 76코를 잡습니다.
2. 코를 잡은 단을 1단으로 카운팅합니다. 5단에서 양옆 1코 줄이기를 진행합니다. 이후 매 6단마다 양옆 1코 줄이기를 7회 반복합니다. 다음 매 4단마다 양옆 1코 줄이기를 2회 반복합니다. 마지막으로 3단을 평뜨기로 뜹니다.
3. 7.0mm 바늘로 바꾸고 1×1 고무단 18단을 뜬 후, 돗바늘로 마무리합니다. 소매 끝부터 몸판의 옆선까지 돗바늘로 꿰매어 연결합니다.

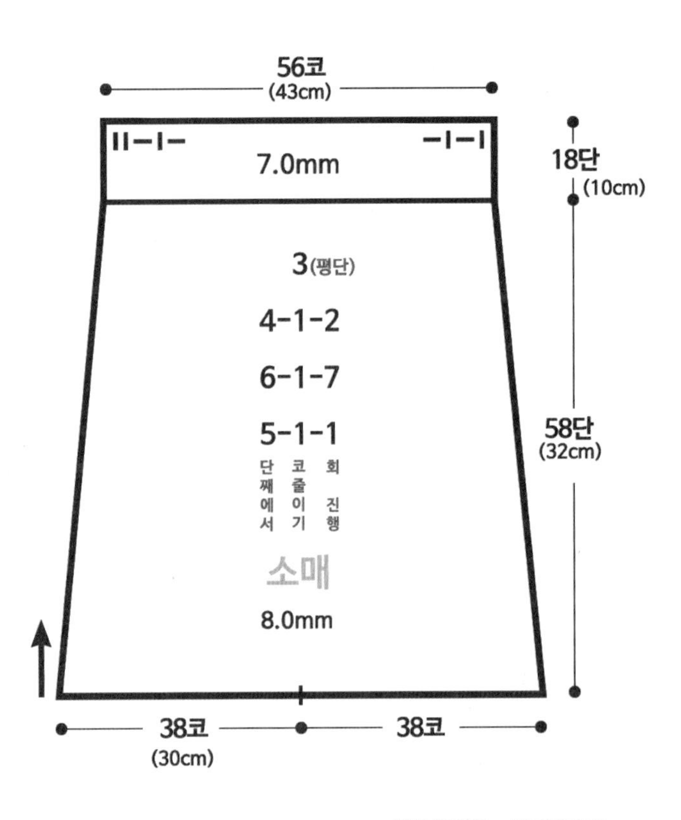

FRONT HEM (앞단)

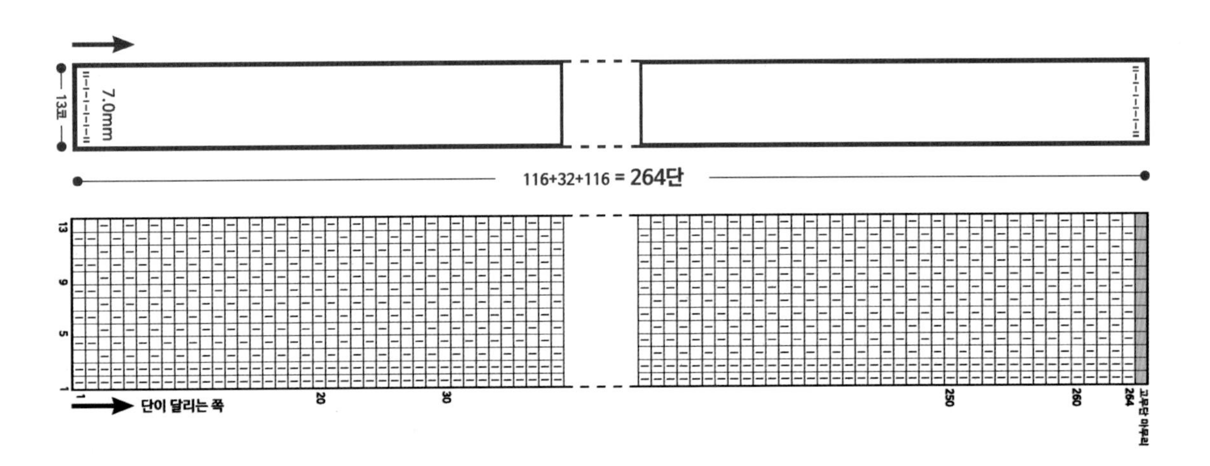

1. 실(35) 3겹과 7.0mm 대바늘로 고무코 13코 만들어 263단을 뜨고 264단째에서 돗바늘로 고무단 마무리를 합니다. 앞판 하단의 고무단 18단 + 20단 이후 39단째부터 앞단을 꿰맵니다.

SLEEVE (소매)

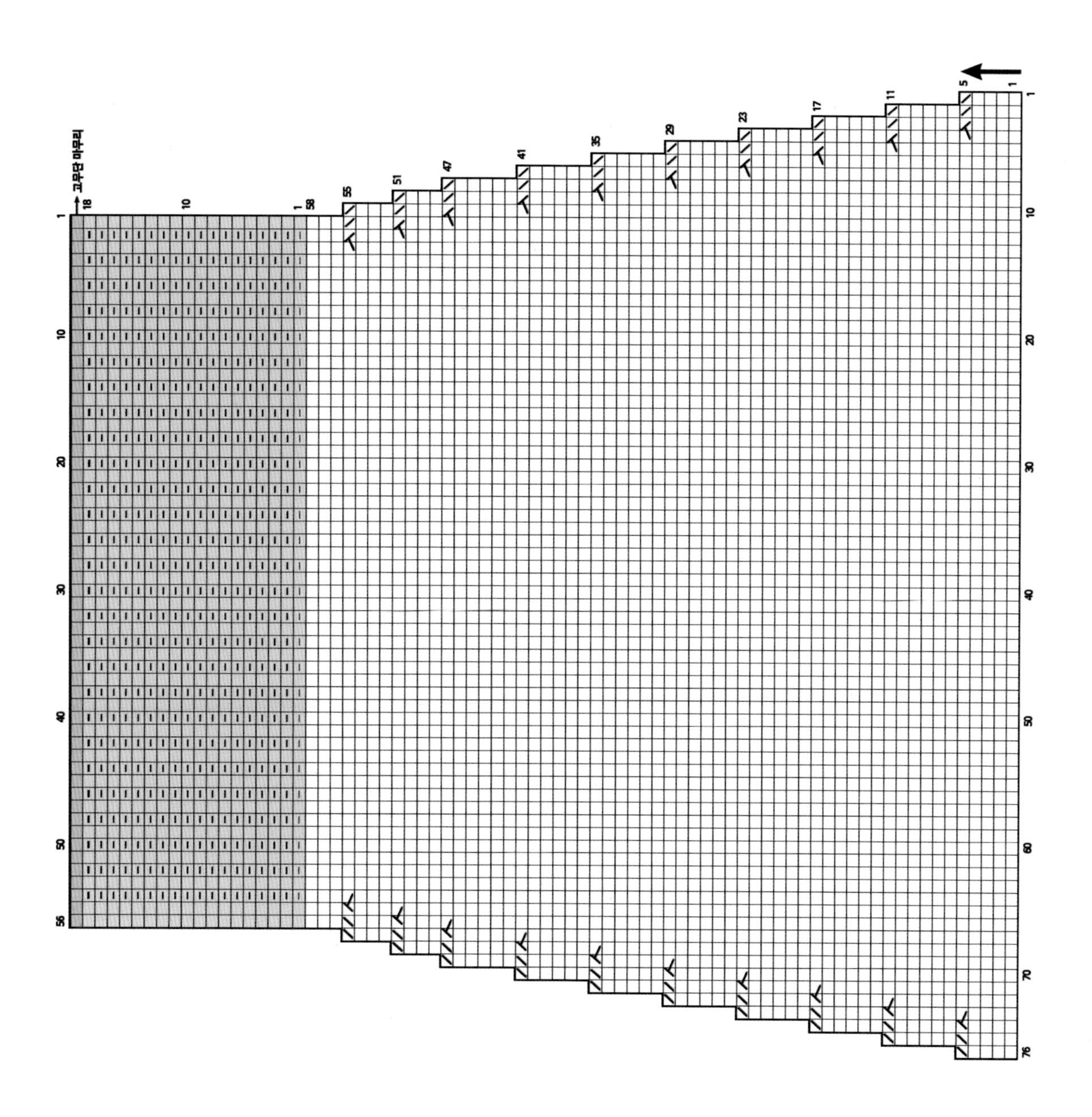

□=⊡=◪=◩ : 겉뜨기

⊟ : 안뜨기

[人] : 겉뜨기로 2코를 겹쳐뜨기

[入] : 겉뜨기로 1코를 빼서 1코를 뜬 후 씌워주기

 에어 울 애딕츠 26(스웨터) / 21(카디건) - 9볼 & 마마랜스 트리밍실 50g

대바늘 5.5mm, 앞단(트리밍) - 대바늘 4.5mm, 모사 코바늘 5호

 (평단)16.5코 × 26단

 가슴 58 / 어깨 42 / 소매 58 / 암홀 27 / 총장 57(cm)

a. 실 굵기가 일정하지 않아 게이지 내기가 까다로울 수 있습니다.

b. 앞, 뒤판과 소매 모두 바텀업으로 떠서 연결합니다.

c. 네크라인과 소매, 밑단은 다양한 트리밍 실을 이용해 코바늘로 장식합니다.

d. 스웨터와 카디건의 뒤판은 동일하고, 앞판은 다르게 진행합니다.

✲ 제작 순서 ✲

뒤판 → 앞판 → 어깨 연결 → 몸판 옆선 꿰매기

소매 → 소매 꿰매기 → 소매, 몸판 연결 → 네크라인, 밑단, 소매 테두리 장식

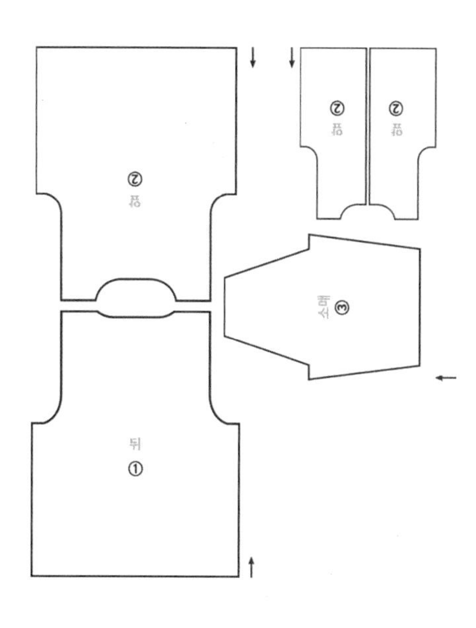

BACK (뒤판)

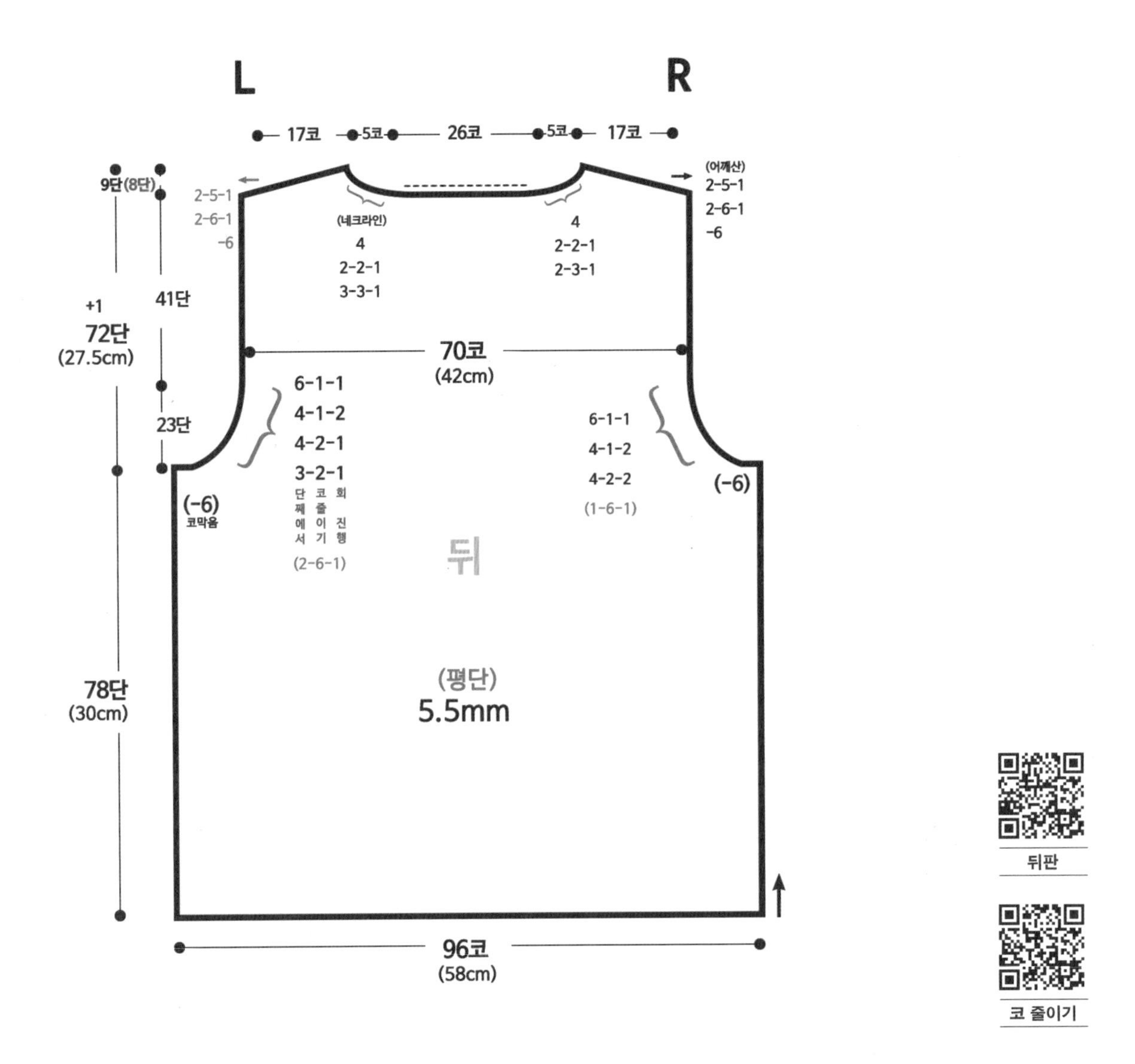

1. 5.5mm 대바늘로 96코를 잡은 후, 안뜨기부터 시작해 평단 77단을 뜹니다. 코를 잡은 단을 1단으로 카운팅해 총 78단이 됩니다.
2. 1단째(79단)에서 양옆 6코를 코막음합니다. 이후 매 4단마다 양옆 2코 줄이기를 2회 반복합니다. 다음 매 4단마다 양옆 1코 줄이기를 2회 반복합니다. 다음 6단째에서 양옆 1코를 줄이면 23단이 됩니다. 나머지 41단은 평뜨기로 뜹니다.
3. 총 64단까지 뜬 후, 오른쪽 네크라인과 어깨산 → 네크라인 코막음 → 왼쪽 네크라인과 어깨산순으로 진행합니다.
4. 바늘에 그대로 걸어두고 앞판을 진행합니다.

: 풀오버와 카디건 모두 뒤판은 동일합니다.

BACK (뒤판)

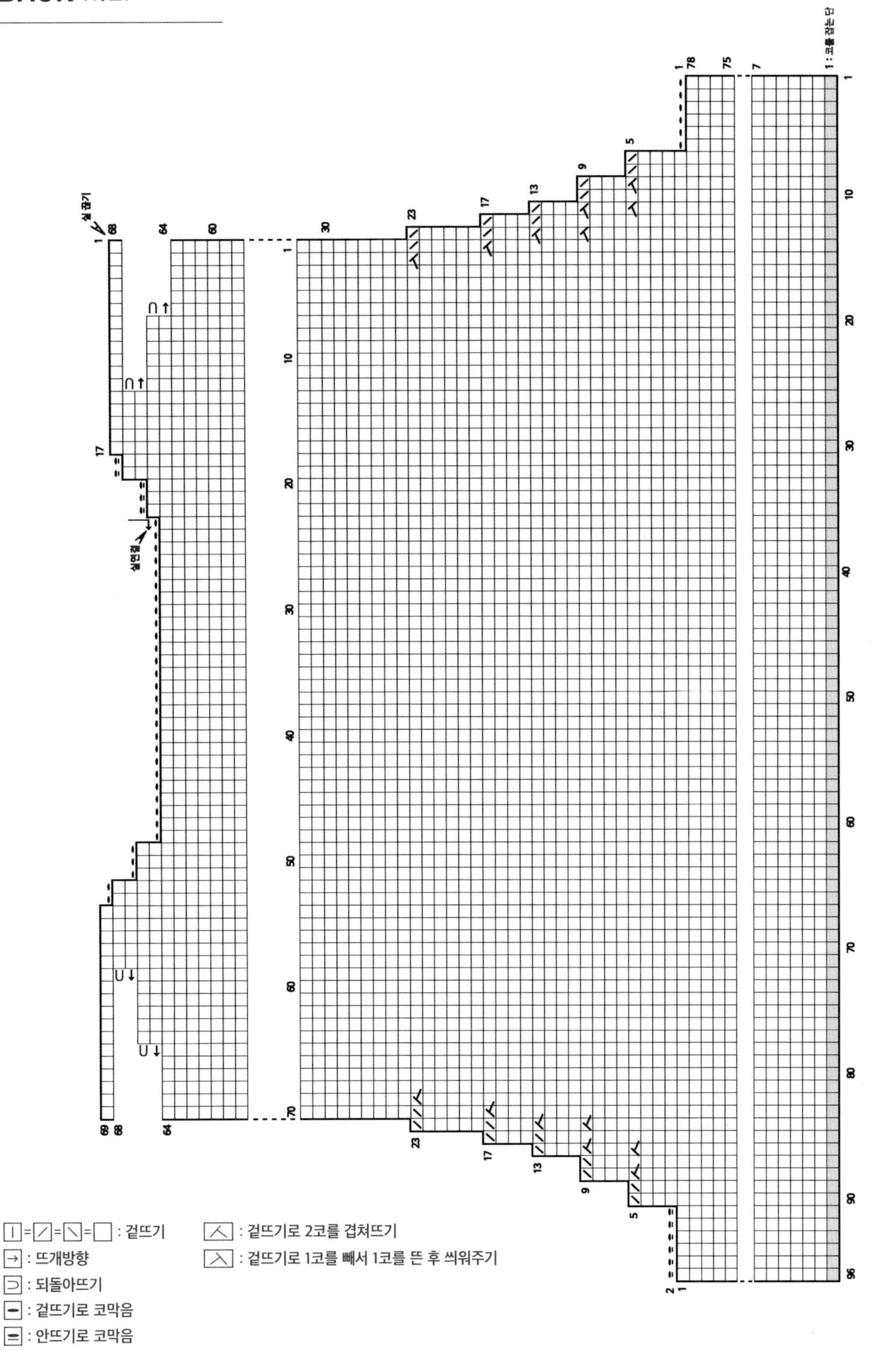
1 : 코를 잡는 단
실 끊기
실 연결
ㅣ=/=\=□ : 겉뜨기
→ : 뜨개방향
⊃ : 되돌아뜨기
▬ : 겉뜨기로 코막음
▬ : 안뜨기로 코막음
⋏ : 겉뜨기로 2코를 겹쳐뜨기
⋏ : 겉뜨기로 1코를 빼서 1코를 뜬 후 씌워주기

FRONT (스웨터 앞판)

sweater

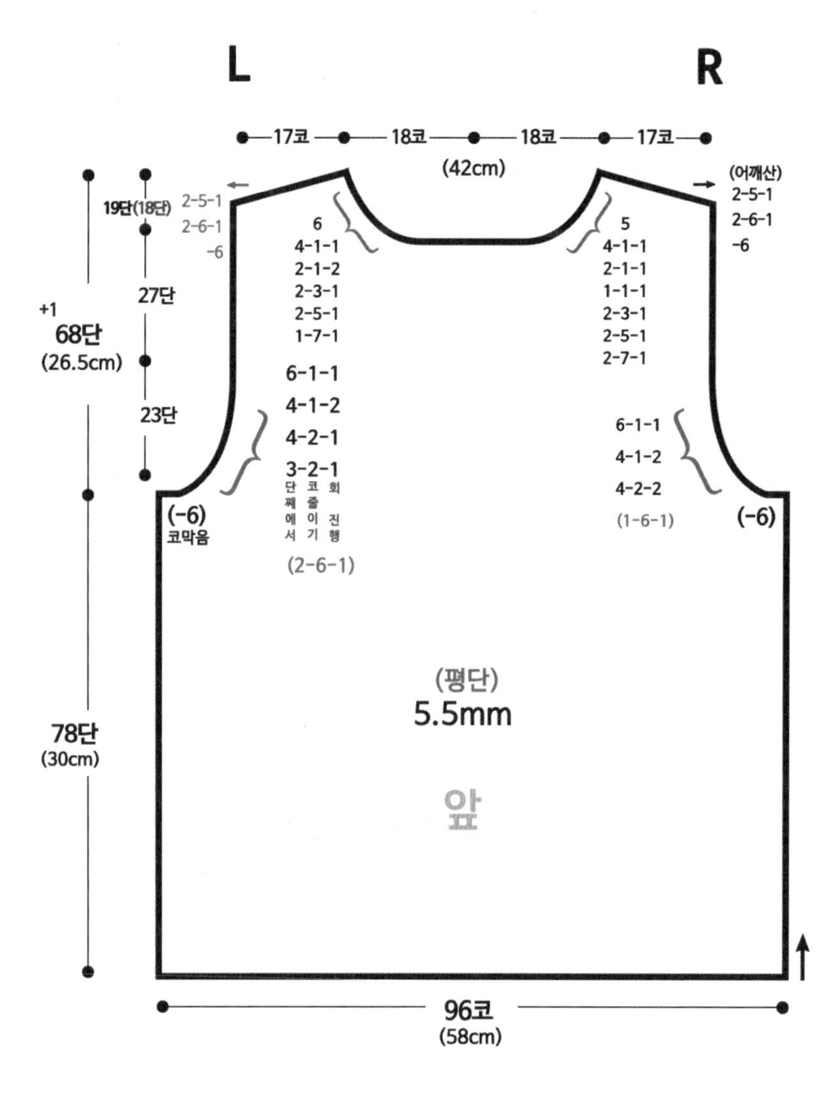

앞판

1. 시작부터 78단, 암홀 후 줄이기(23단)까지는 뒤판과 동일합니다. 다음 27단은 평뜨기로 뜹니다.
2. 암홀 코막음부터 60단까지 뜬 후, 도안을 참고해 오른쪽 네크라인과 어깨산 → 왼쪽 네크라인과 어깨산순으로 진행합니다.
3. 앞, 뒤판을 연결하고 소매를 진행합니다.

: 옷을 처음 뜬다면 어깨산이 어려울 수 있으니 QR 영상을 참고하세요.

FRONT (스웨터 앞판)

sweater

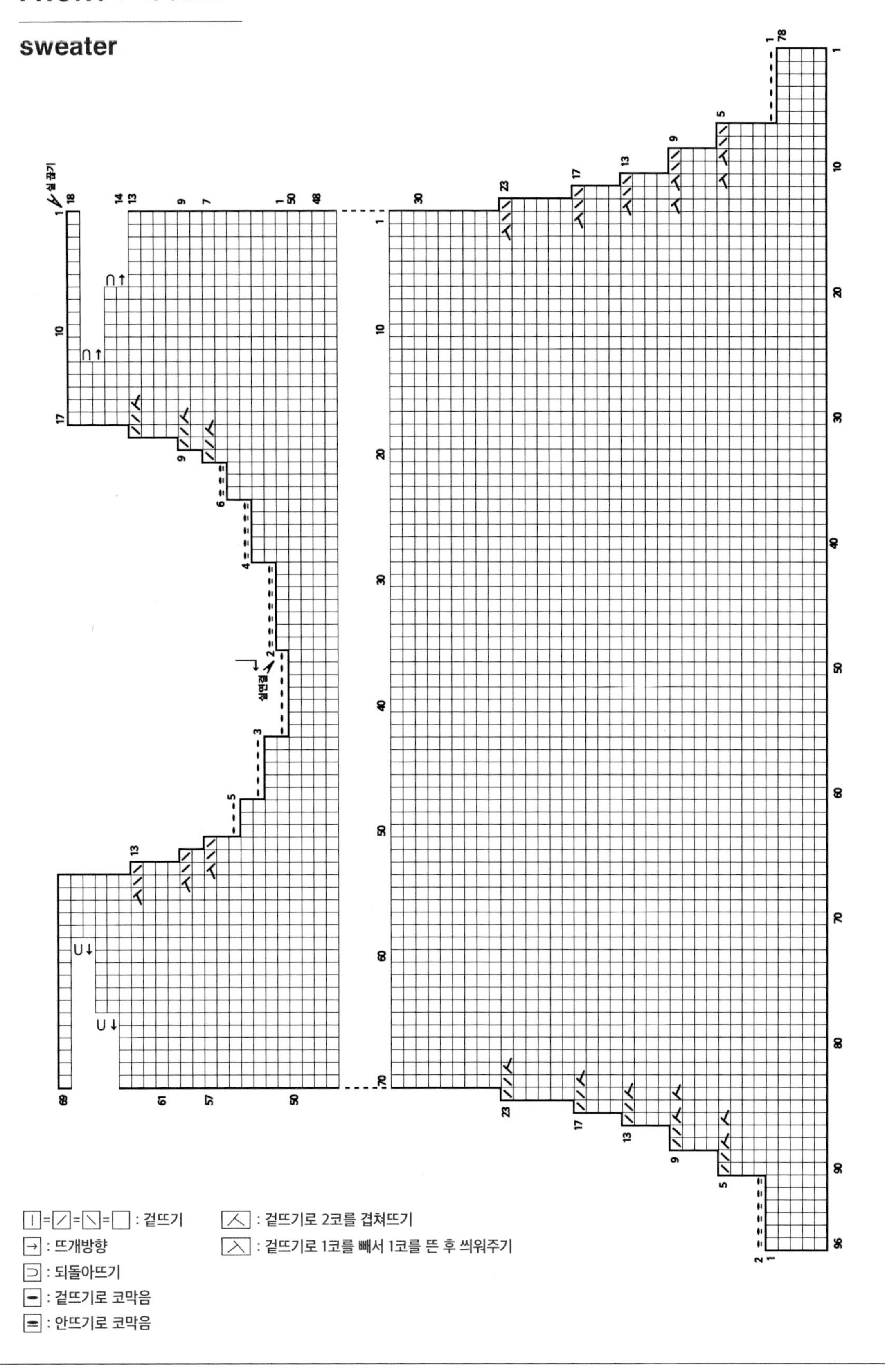

기호	설명
▯=▱=▱=□	겉뜨기
→	뜨개방향
⊃	되돌아뜨기
▬	겉뜨기로 코막음
═	안뜨기로 코막음
人	겉뜨기로 2코를 겹쳐뜨기
入	겉뜨기로 1코를 빼서 1코를 뜬 후 씌워주기

FRONT (카디건 앞판)

cardigan

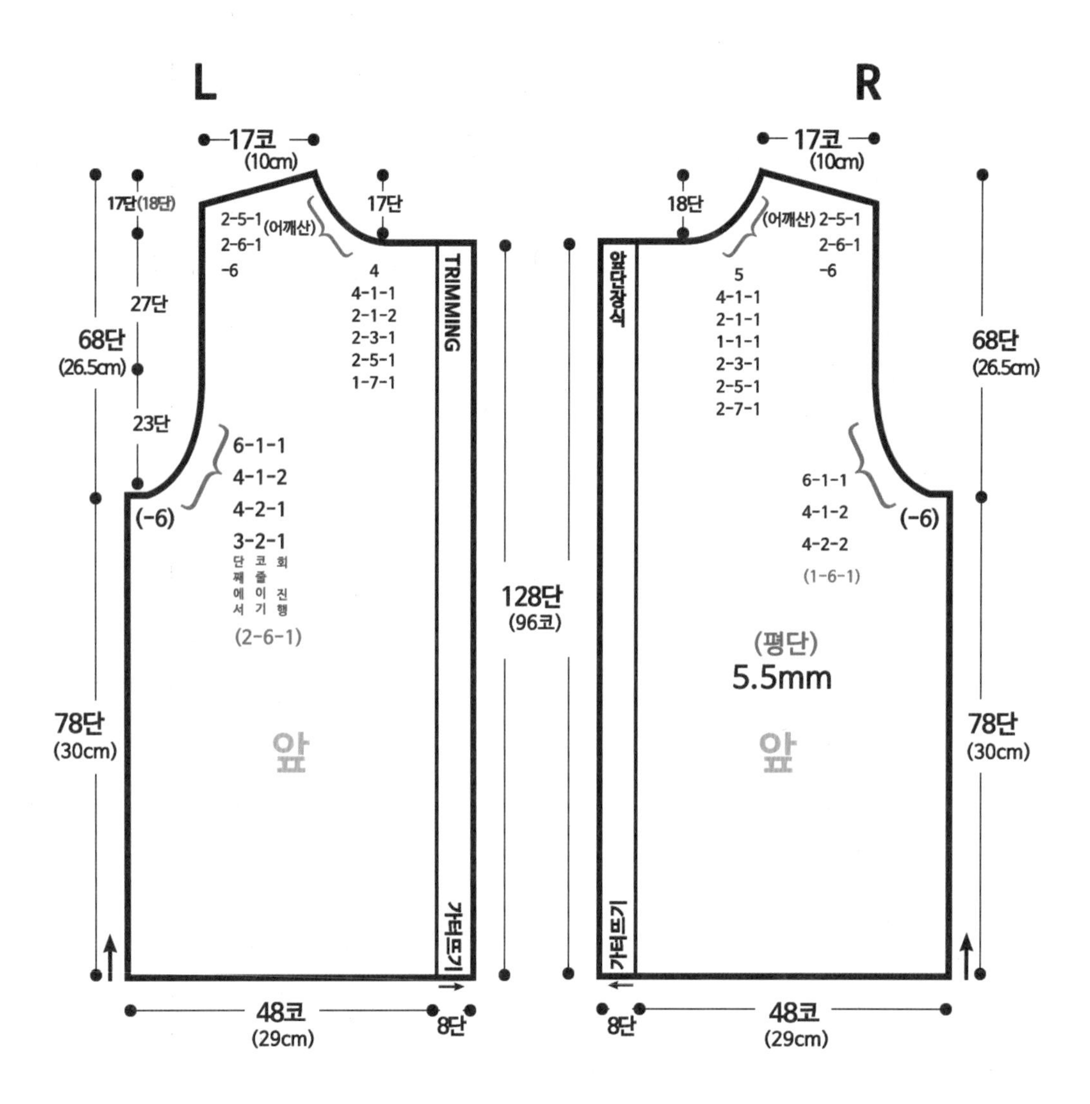

앞판

1. 5.5mm 대바늘로 48코를 잡은 후, 안뜨기부터 시작해 평단 77단을 뜹니다. 코를 잡은 단을 1단으로 카운팅해 총 78단이 됩니다. 암홀 후 줄이기(23단)까지는 뒤판과 동일합니다.
2. 다음 27단을 평뜨기로 뜬 후, 도안을 따라 네크라인을 진행하며 좌우 앞판을 뜹니다.
3. 앞, 뒤판을 연결하고 앞단의 트리밍 장식을 진행합니다.

FRONT (카디건 앞판)

cardigan

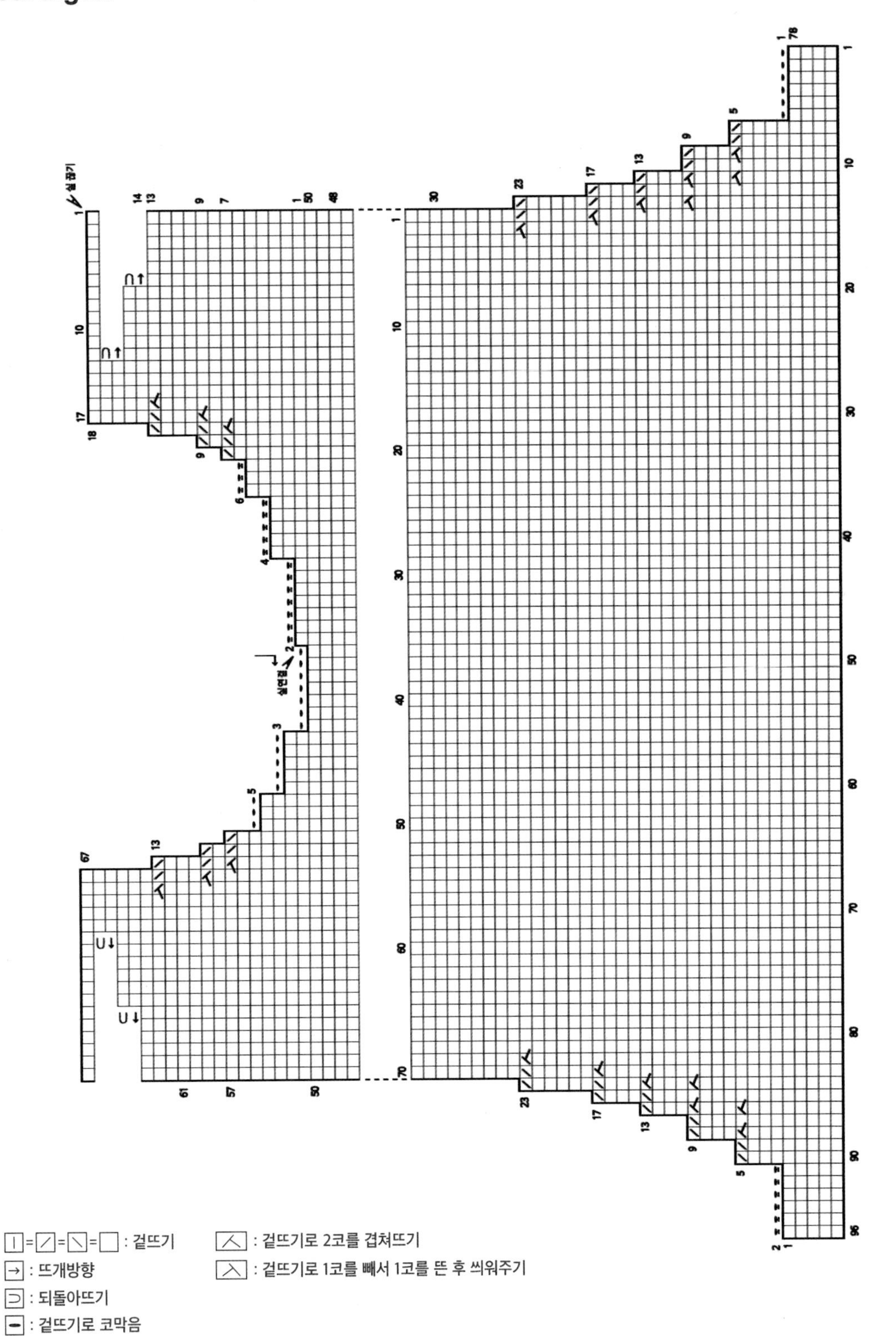

|=/=\=□ : 겉뜨기

→ : 뜨개방향

⊃ : 되돌아뜨기

━ : 겉뜨기로 코막음

═ : 안뜨기로 코막음

人 : 겉뜨기로 2코를 겹쳐뜨기

入 : 겉뜨기로 1코를 빼서 1코를 뜬 후 씌워주기

TRIMMING (카디건 트리밍 장식)

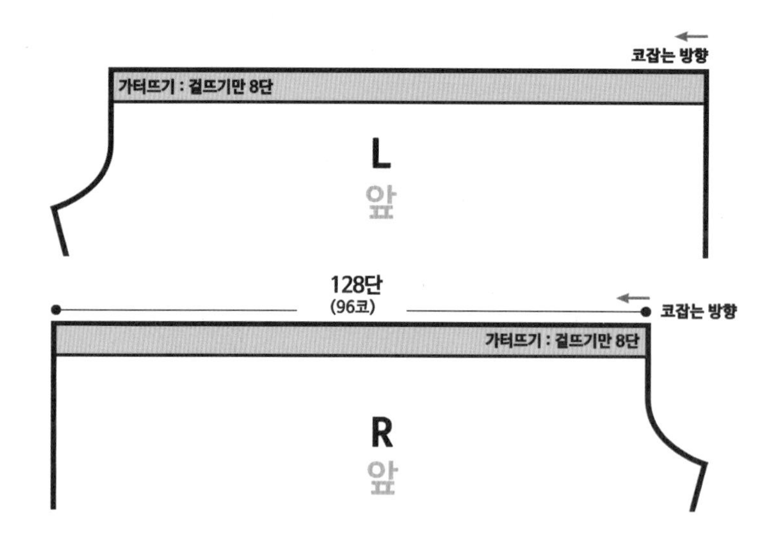

트리밍 장식

1. 왼쪽 앞판은 밑단에서 네크라인 방향으로, 오른쪽 앞판은 네크라인에서 밑단 방향으로 진행합니다.
2. 대바늘의 경우, 트리밍실 2겹과 4.5mm 바늘로 3코를 잡고 1코 건너뛰기를 32회 반복해 128단 안에 96코를 잡습니다. 가터뜨기로 8단을 뜬 후, 겉뜨기로 코막음하거나 코바늘로 빼뜨기합니다.
코바늘의 경우, 트리밍실 2겹과 모사 바늘 5호로 5코를 잡고 2코 모아뜨기를 18회 반복합니다. 이후 2코를 더 잡아 128단 안에 110코를 잡습니다. 짧은뜨기로 8단을 뜬 후, 빼뜨기로 마무리합니다.

TRIMMING (네크라인 트리밍 장식)

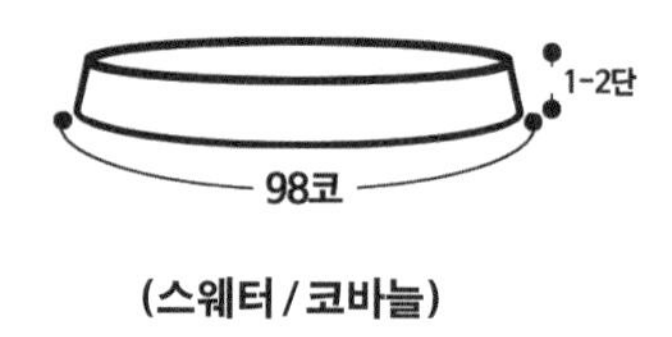

(스웨터 / 코바늘)

1. 트리밍실 2겹과 모사 5호 바늘로 5코 짧은뜨기 후 2코 모아뜨기를 반복해서 총 98코를 뜹니다.
2. 취향에 따라 1단 또는 2단을 뜬 후 마무리합니다. 중간중간 입어보면서 착용하기 쉬운지 확인합니다.

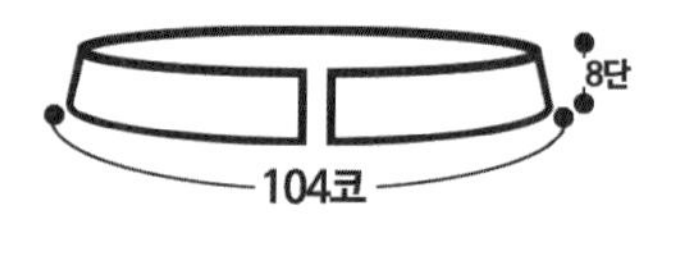

(카디건 / 대바늘)

가터뜨기 : 겉뜨기만 8단

1. 트리밍실 2겹과 4.5mm 대바늘로 5코를 잡고 1코 건너뛰기를 반복해 총 104코를 잡습니다.
2. 가터뜨기로 8단을 뜬 후, 대바늘 코막음 또는 코바늘 빼뜨기로 마무리합니다.

SLEEVE (소매)

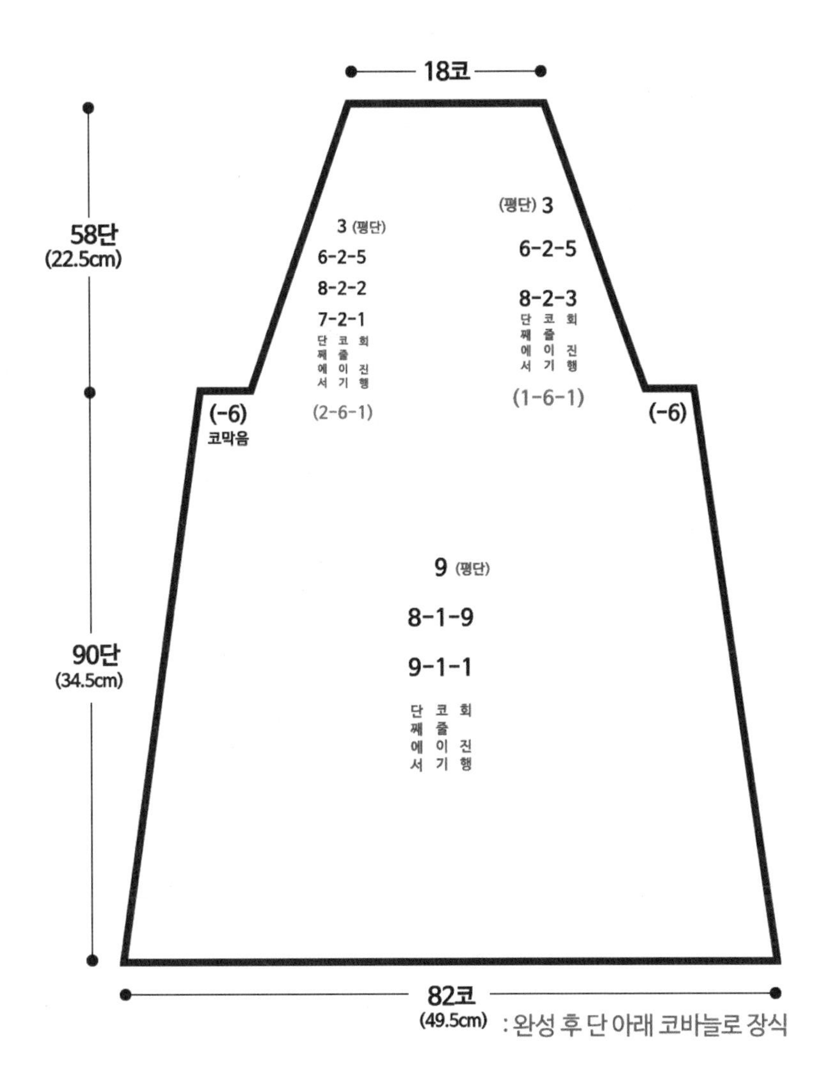

소매

연결 / 마무리

1. 5.5mm 대바늘로 82코를 잡습니다. 코를 잡은 단을 1단으로 카운팅해 9단에서 양옆 1코를 줄이고 이후 매 8단마다 양옆 1코 줄이기를 9회 반복합니다. 마지막으로 9단을 평뜨기로 뜹니다.

2. 양옆 6코를 코막음합니다.

3. 다음 매 8단마다 양옆 2코 줄이기를 3회 반복합니다. 이후 매 6단마다 양옆 2코 줄이기를 5회 반복합니다. 마지막으로 3단을 평뜨기하고 코막음해 마무리합니다.

4. 소매의 옆선을 꿰매어 연결합니다. 소매 끝을 트리밍실 2겹과 코바늘 5호로 짧은뜨기 1코, 2코 모아뜨기를 반복해 2단을 뜹니다. 진행 후, 소매 끝이 오므려져 퍼프 소매처럼 연출됩니다.

SLEEVE (소매)

□=[|]=[/] : 겉뜨기

[−] : 겉뜨기로 코막음

[=] : 안뜨기로 코막음

[×] : 짧은뜨기

[∧] : 코줄이기

[人] : 겉뜨기로 2코를 겹쳐뜨기

[入] : 겉뜨기로 1코를 빼서 1코를 뜬 후 씌워주기

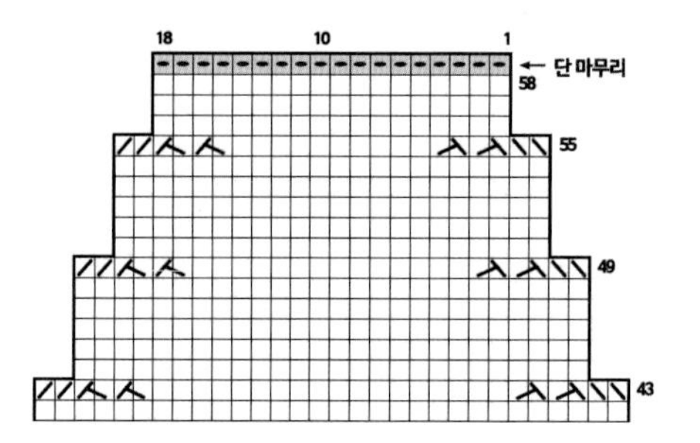

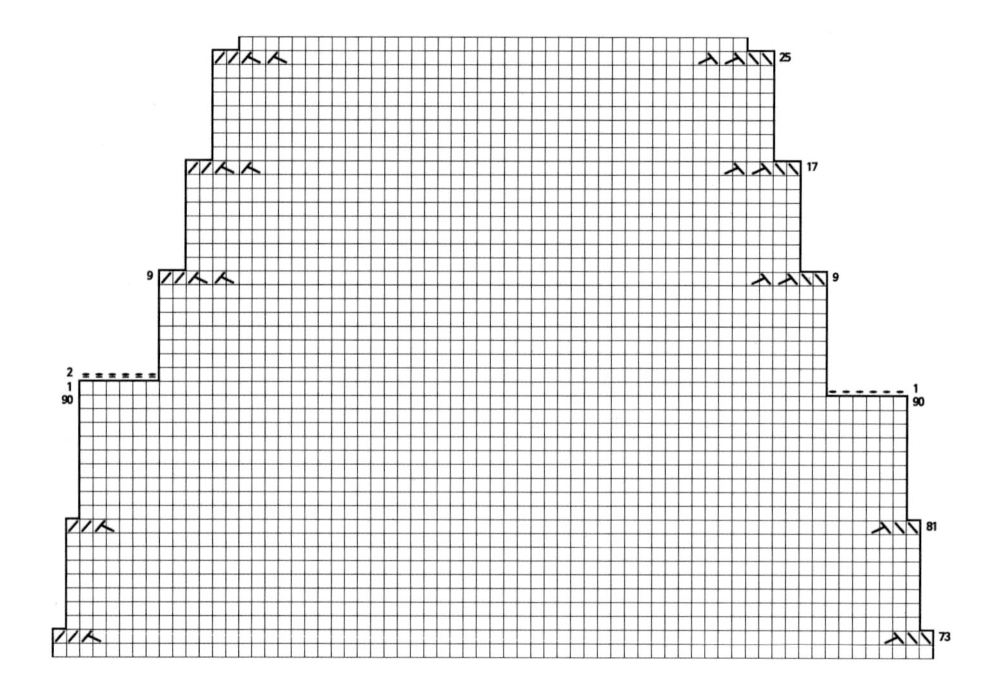

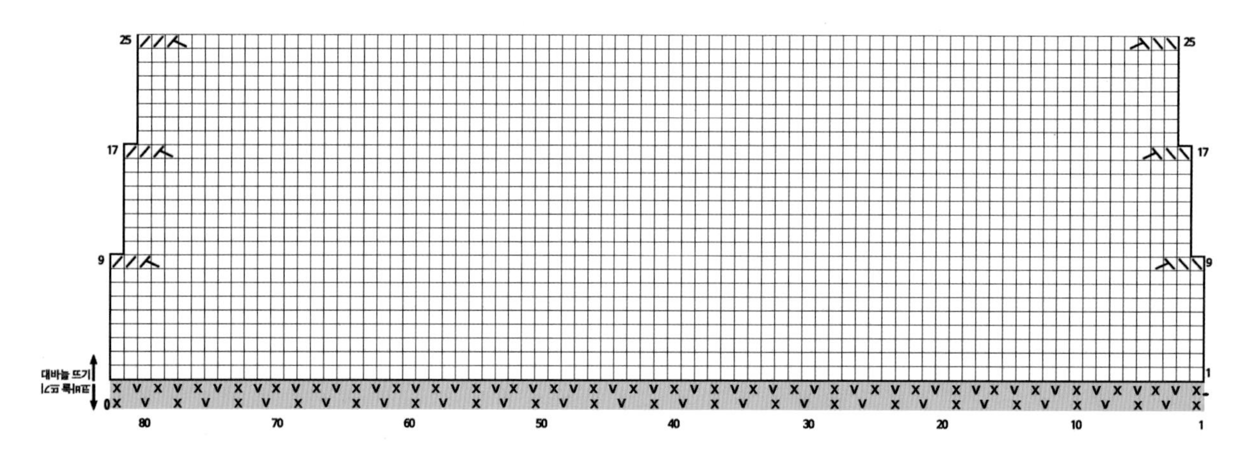

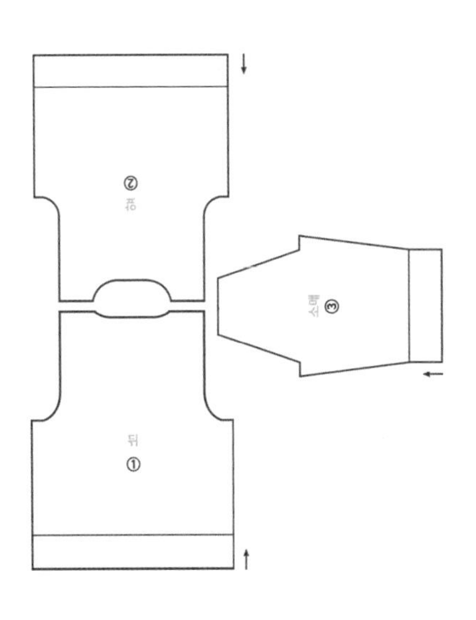

 소노모노 123 - 9볼 & 트위드 에코 42 - 12볼

대바늘 5.5mm, 고무단 - 대바늘 5.0mm, 모사 코바늘 9호

 (평단)15코 × 23단 (패턴) 14.5코 × 23단

 가슴 70 / 어깨 50 / 소매 58 / 암홀 26 / 총장 60(cm)

a. 2가지 실을 1겹씩 총 2겹을 합쳐 뜹니다.

b. 앞, 뒤판과 소매 모두 바텀업으로 떠서 연결합니다.

c. 네크라인은 코바늘로 한 바퀴 빼뜨기하고 다시 대바늘로 코를 잡아 뜹니다.

✲ 제작 순서 ✲

뒤판 → 앞판 → 어깨 연결→ 몸판 옆선 꿰매기

소매 → 소매 꿰매기 → 소매, 몸판 연결 → 네크라인

BACK (뒤판)

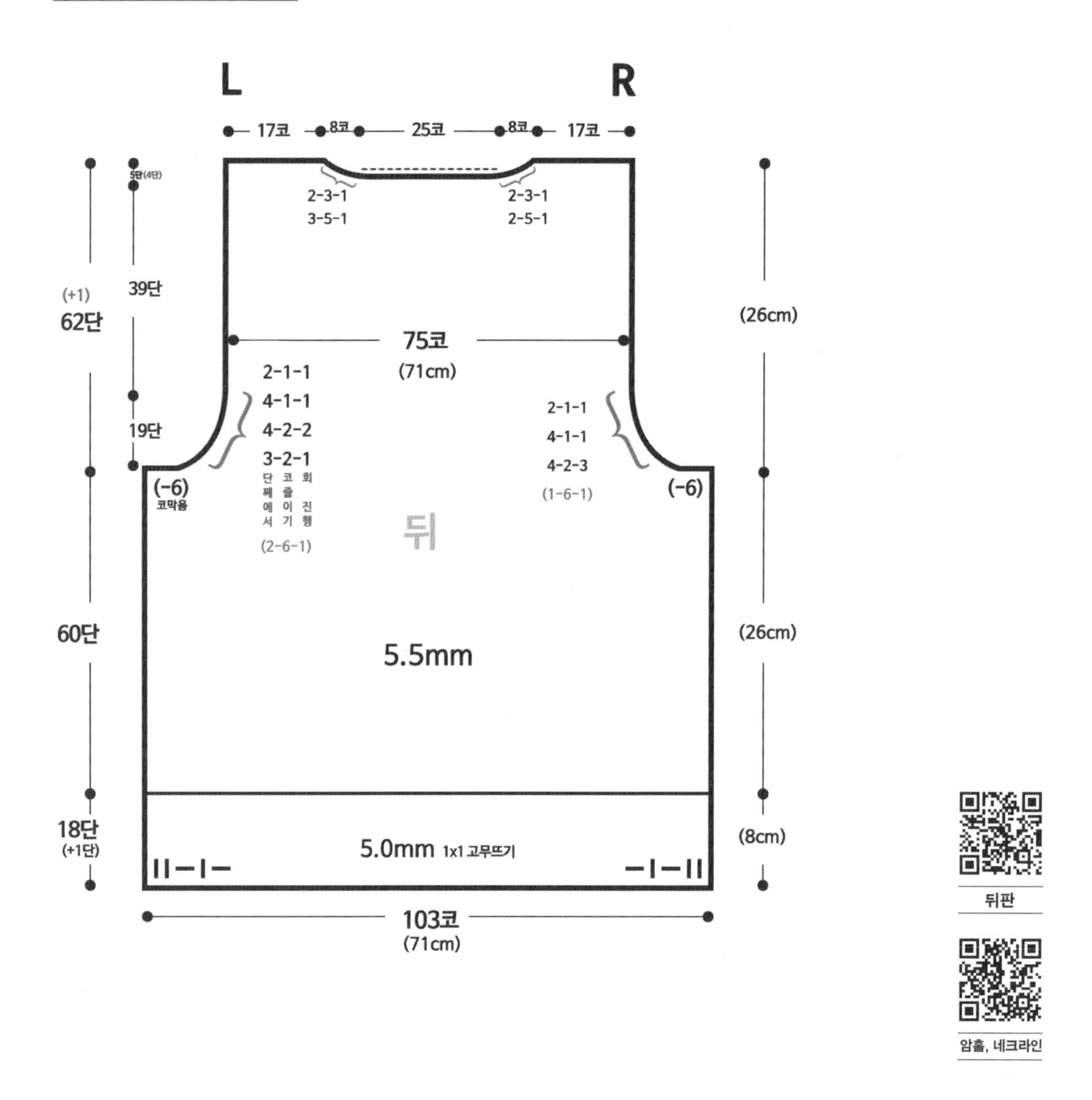

1. 실 2겹과 5.0mm 대바늘로 고무코 103코 만들어 18단을 뜹니다. (이때, 사슬이나 밑실로 기초코를 만들면 1단이 더해져 19단이 됩니다.)

2. 5.5mm 바늘로 바꾸고 패턴을 뜨기 시작합니다. 홀수단에서는 겉뜨기만, 짝수단에서는 1 × 1 고무뜨기를 하되 양옆 2코는 안뜨기를 합니다.

3. 패턴을 60단까지 뜬 후, 양옆 6코를 코막음해 암홀을 만듭니다. 이후 매 4단마다 양옆 2코 줄이기를 3회 반복합니다. 다음 4단째에서 양옆 1코 줄이기를, 다음 2단째에서 양옆 1코 줄이기를 하고 다음 39단은 도안을 따라 뜹니다. 마지막으로 도안을 참고해 네크라인을 진행합니다.

4. 네크라인까지 진행하고 별도의 마무리 없이 앞판을 진행합니다.

BACK (뒤판)

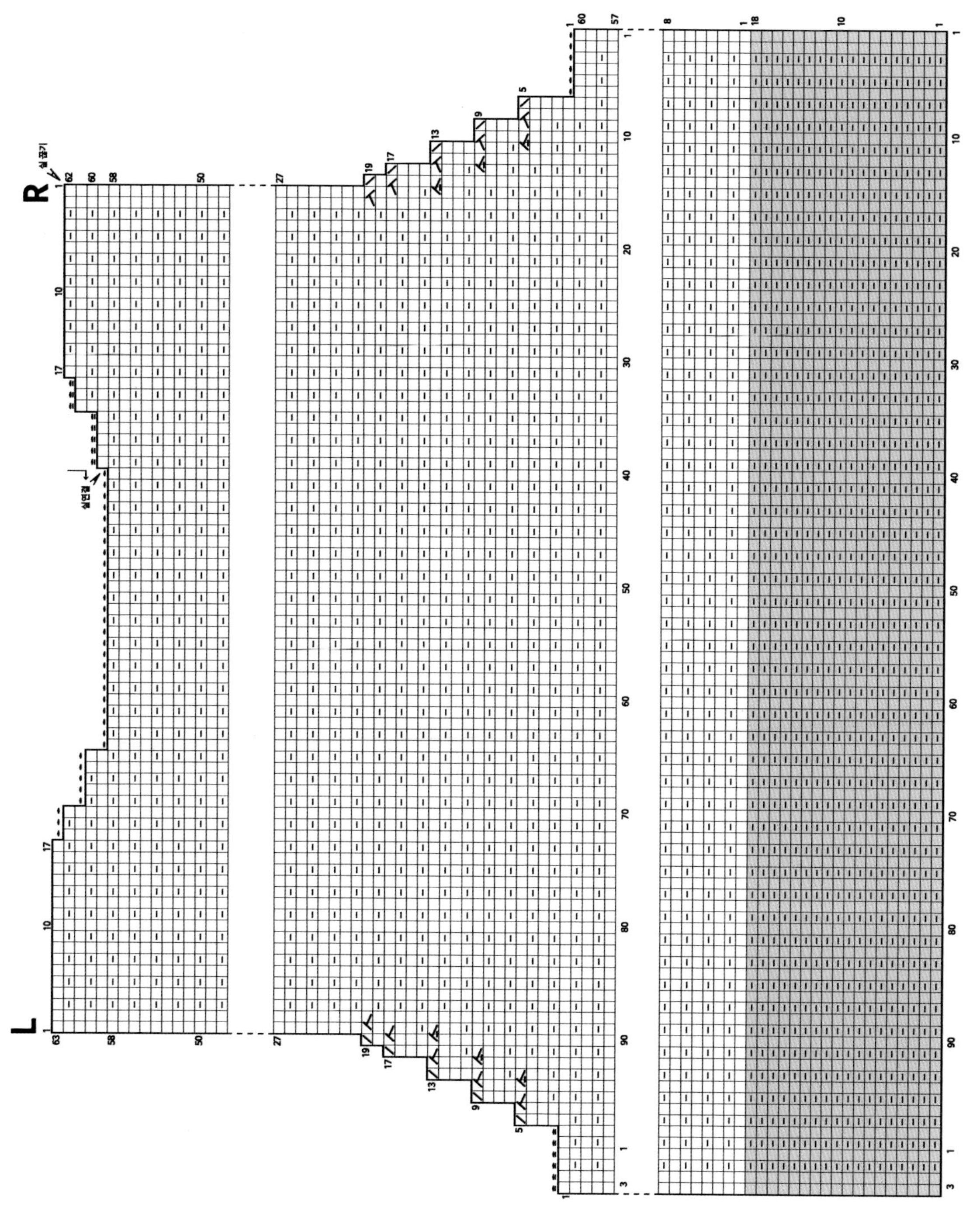

□=|=/=\ : 겉뜨기
− : 안뜨기
▬ : 겉뜨기로 코막음
▬ : 안뜨기로 코막음
⼈ : 겉뜨기로 2코를 겹쳐뜨기
⼈ : 안뜨기로 2코를 겹쳐뜨기
⼊ : 겉뜨기로 1코를 빼서 1코를 뜬 후 씌워주기

FRONT (앞판)

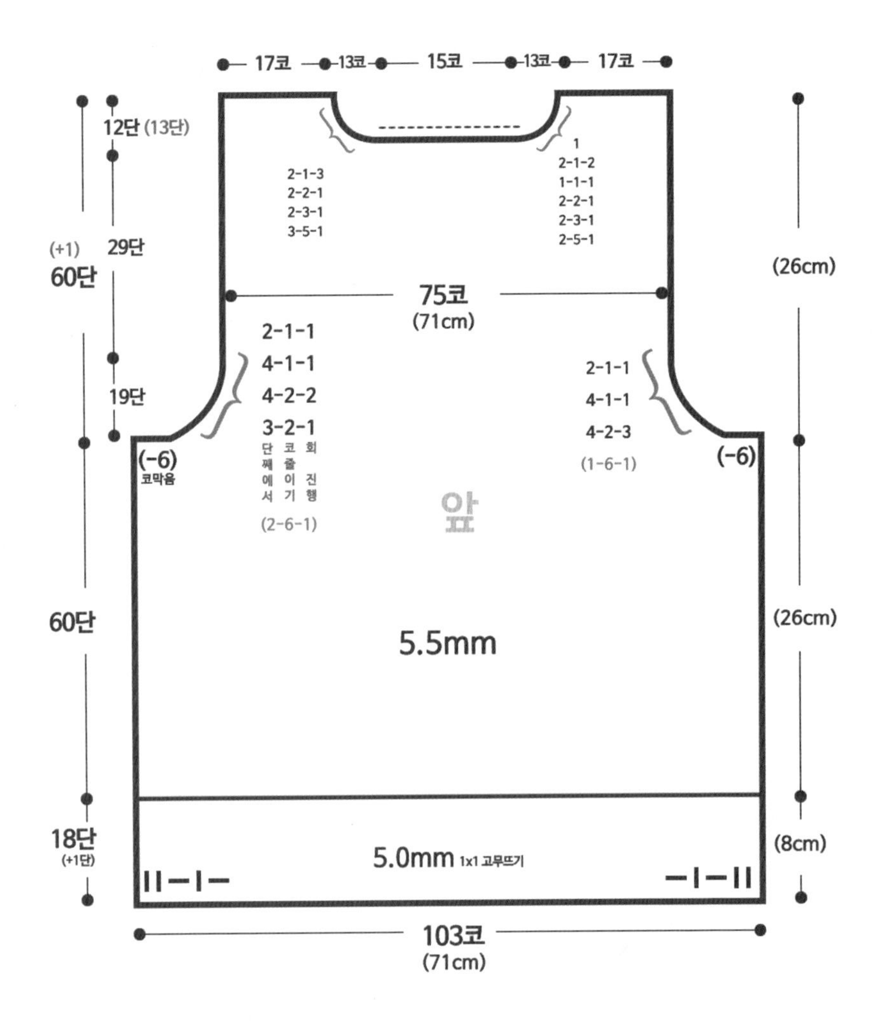

앞판

1. 시작부터 암홀 후 줄이기(19단)까지는 뒤판과 동일합니다.
2. 이후 29단은 도안을 따라 뜹니다.
3. 도안을 참고해 오른쪽 네크라인과 어깨산 → 가운데 15코를 코막음 → 왼쪽 네크라인과 어깨산순으로 진행합니다. 가운데 15코는 49단에서, 오른쪽 네크라인은 50단에서 코막음 진행을 시작하고, 왼쪽 네크라인은 51단에서 코막음 진행을 시작합니다.
4. 앞, 뒤판을 연결하고 옆선을 꿰맵니다.

FRONT (앞판)

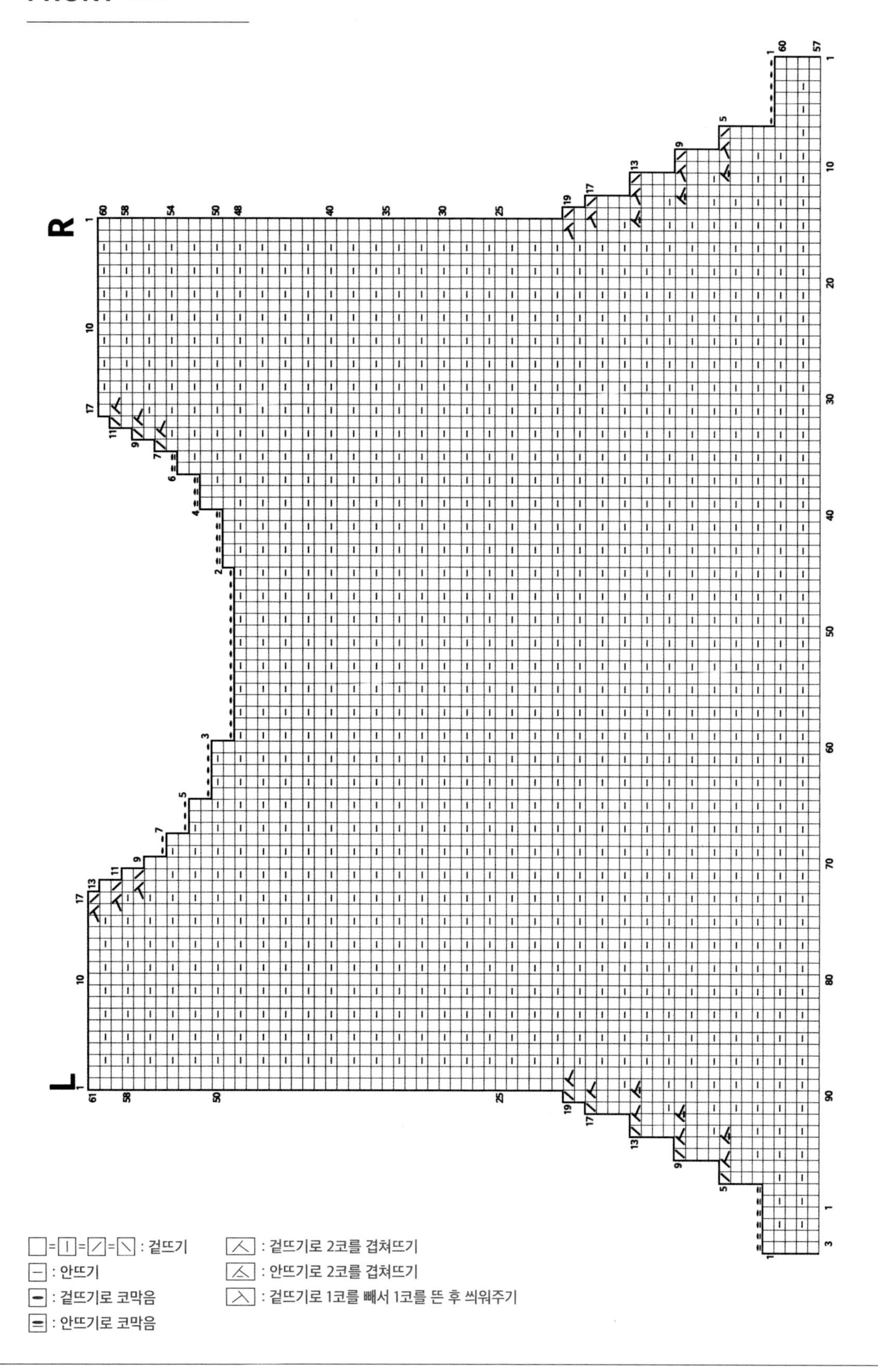

R
L
: 겉뜨기
: 안뜨기
: 겉뜨기로 코막음
: 안뜨기로 코막음
: 겉뜨기로 2코를 겹쳐뜨기
: 안뜨기로 2코를 겹쳐뜨기
: 겉뜨기로 1코를 빼서 1코를 뜬 후 씌워주기

SLEEVE (소매)

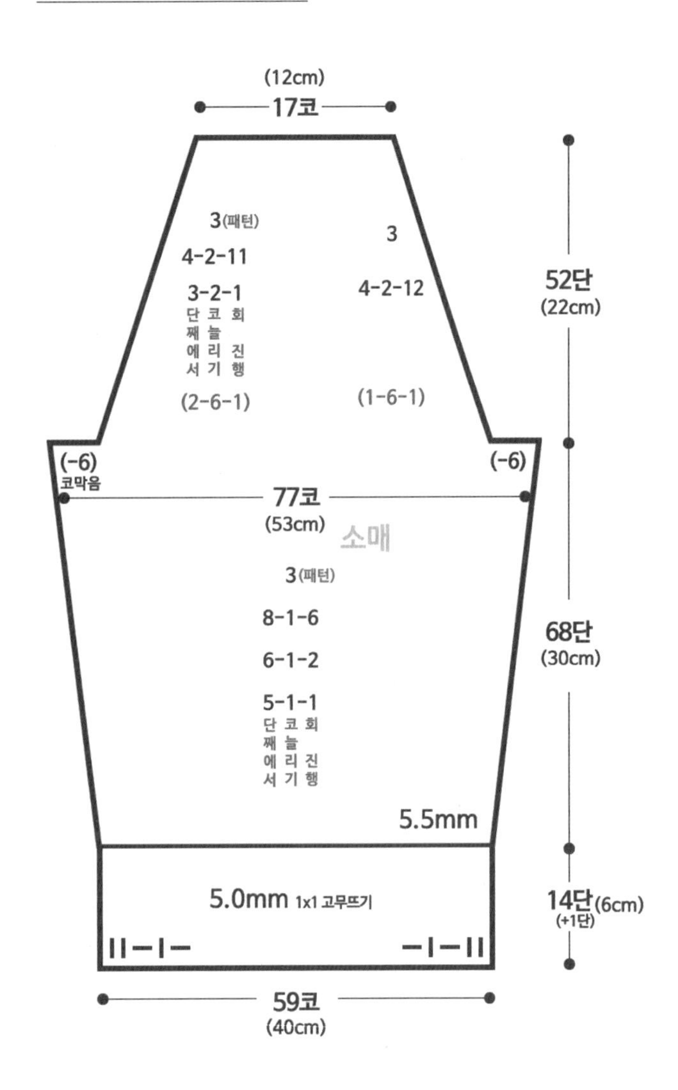

소매

1. 실 2겹과 5.0mm 대바늘로 고무코 59코 만들어 총 14단을 뜹니다. (이때, 사슬이나 밑실로 기초코를 만들면 1단이 더해져 15단이 됩니다.)

2. 5.5mm 바늘로 바꾸고 패턴을 뜨기 시작합니다. 홀수단에서는 겉뜨기만, 짝수단에서는 1 × 1 고무뜨기를 하되, 양옆 2코는 안뜨기합니다.

3. 5단에서 양옆 1코 늘리기를 합니다.

4. 이후 매 6단마다 양옆 1코 늘리기를 2회 반복합니다. 다음 매 8단마다 같은 위치에서 1코 늘리기를 6회 반복합니다. 마지막으로 3단은 도안을 따라 뜨고 양옆 6코를 코막음합니다.

5. 코막음을 1단으로 카운팅하고, 이후 매 4단마다 양옆 2코 줄이기를 12회 반복합니다.

6. 이후 3단은 도안을 따라 뜨고 코막음해 마무리합니다. 네크라인을 작업하고 몸통에 꿰매어 연결합니다.

SLEEVE (소매)

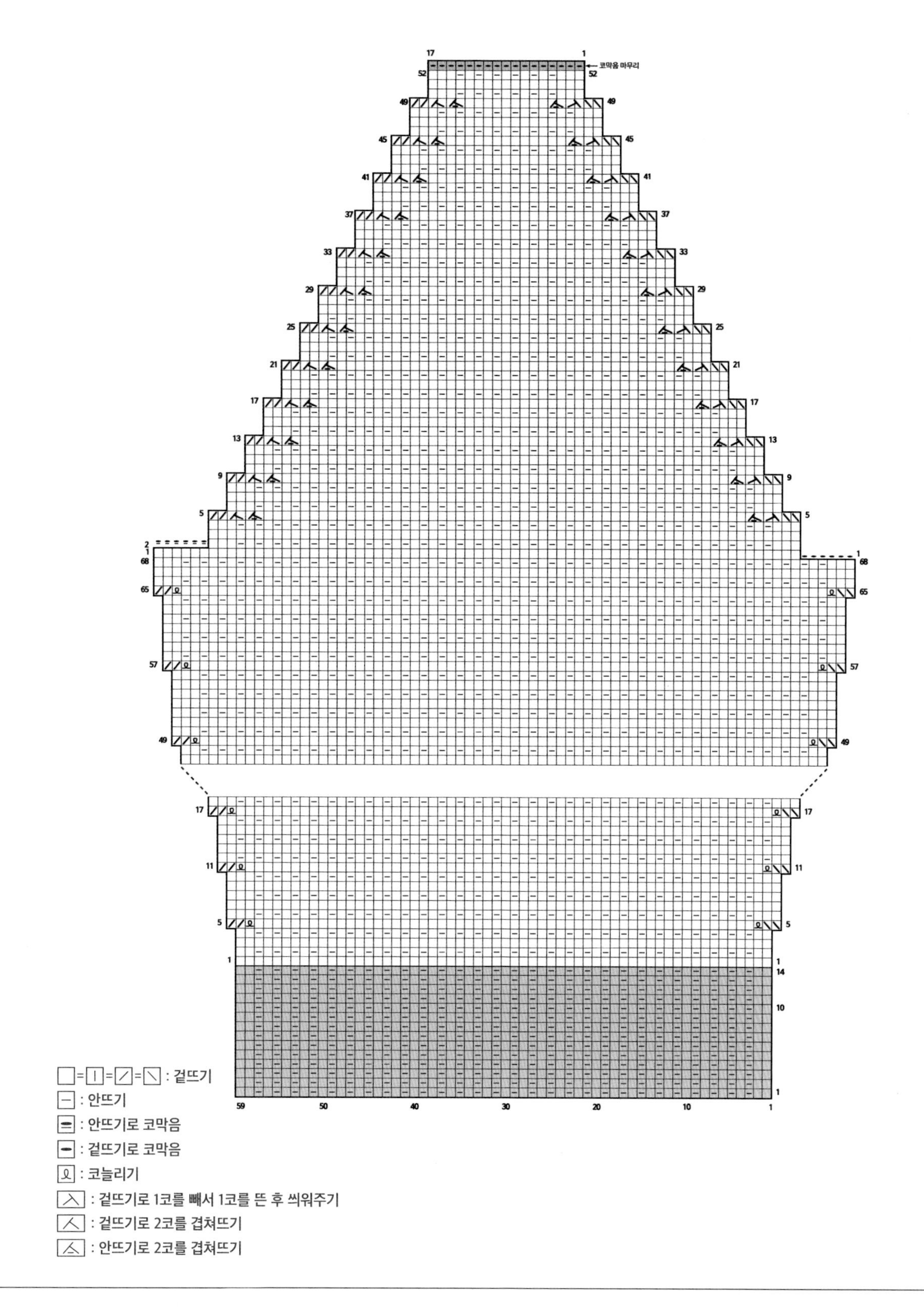
코막음 마무리
□=□=▱=▱ : 겉뜨기
− : 안뜨기
= : 안뜨기로 코막음
▬ : 겉뜨기로 코막음
ℓ : 코늘리기
入 : 겉뜨기로 1코를 빼서 1코를 뜬 후 씌워주기
人 : 겉뜨기로 2코를 겹쳐뜨기
人 : 안뜨기로 2코를 겹쳐뜨기

NECK LINE (네크라인)

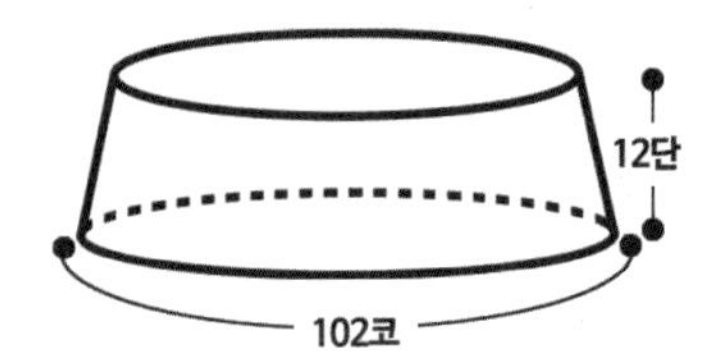

1. 코잡기를 진행하기 전에, 네크라인 전체를 실 2겹과 코바늘 9호로 빼뜨기합니다.
2. 5.5mm 대바늘로 빼뜨기 부분에 걸뜨기로 총 102코를 잡습니다.
이때 영상을 참고해 코막음을 한 부분은 건너뜁니다.
3. 12단까지 고무뜨기를 하고 돗바늘로 마무리합니다. 취향에 따라 단수를 조절해도 좋습니다.

네크라인

고요한 밤에 카디건

5

 소노모노 125 - 9볼 & 트위드 에코 46 - 14볼

 대바늘 6.0mm, 고무단 - 대바늘 5.5mm

 (평단)15코 × 23단 (패턴) 14.5코 × 23단

 가슴 70 / 어깨 70 / 소매 37 / 암홀 28 / 총장 65(cm)

a. 2가지 실을 1겹씩 총 2겹을 합쳐 뜹니다.

b. 뒤판에서 시작해 앞판까지 쭉 이어서 진행합니다.

c. 소매는 몸판에서 시작해 탑다운으로 진행합니다.

✲ 제작 순서 ✲

몸판 (뒤판부터 시작해 앞판으로 끝) → 소매 → 소매, 몸판 옆선 꿰매기

FRONT, BACK (앞, 뒤판)

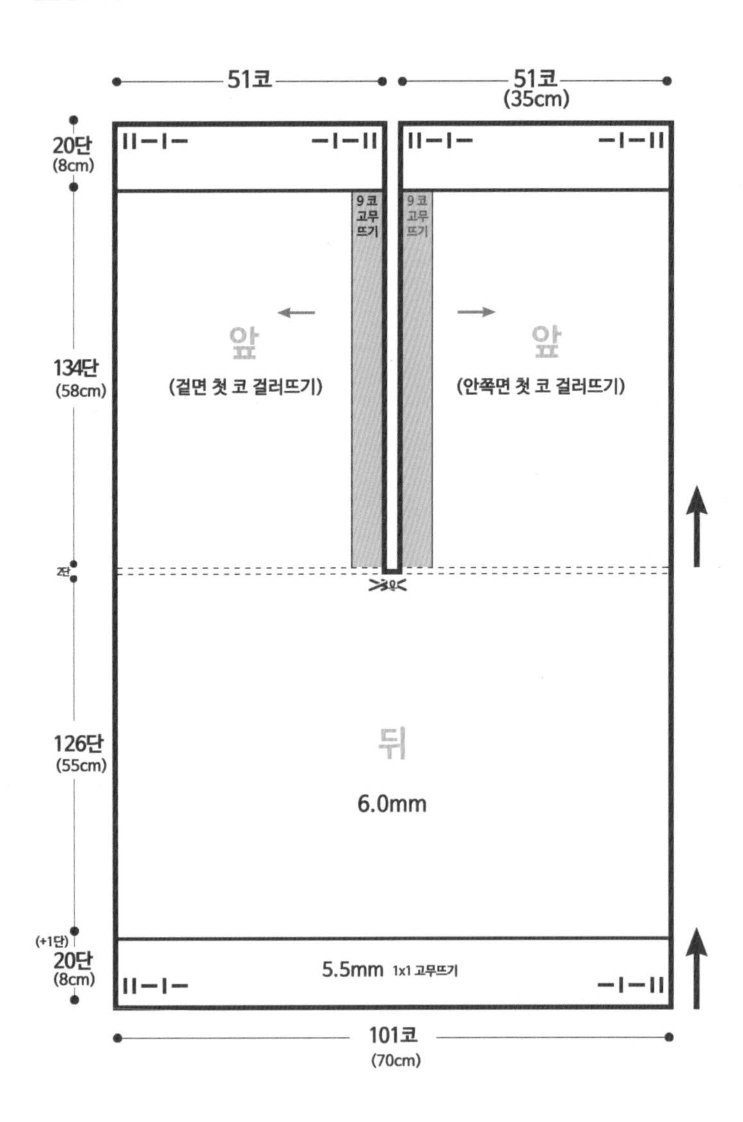

앞, 뒤판

1. 실 2겹과 5.5mm 대바늘로 고무코 101코 만들어 20단을 뜹니다. (이때, 사슬이나 밑실로 기초코를 만들면 1단이 더해져 21단이 됩니다.) 또한, 옆선을 티우고 싶다면 첫 코는 걸러 뜹니다.

2. 6.0mm 바늘로 바꾸고 패턴을 뜨기 시작합니다. 홀수단에서는 겉뜨기만, 짝수단에서는 1 × 1 고무뜨기를 하되, 양옆 2코는 안뜨기합니다.

3. 126단까지 뜬 후, 127단에서 가운데에 꽈배기를 뜨며 1코를 만듭니다. 128단부터 꽈배기를 만든 부분은 안뜨기 4코로 진행합니다.

4. 129단부터 앞판 시작입니다. 앞단 부분의 첫 번째 코는 걸러 뜹니다.

5. 앞판의 오른쪽, 왼쪽을 각각 134단씩 패턴을 뜨고 5.5mm 바늘로 바꿔 고무단 20단씩 뜹니다. 옆선을 티우고 싶다면 앞단과 옆선 모두 첫 코를 걸러 뜹니다.

6. 고무단까지 다 뜨면 돗바늘로 마무리합니다.

FRONT, BACK (앞, 뒤판)

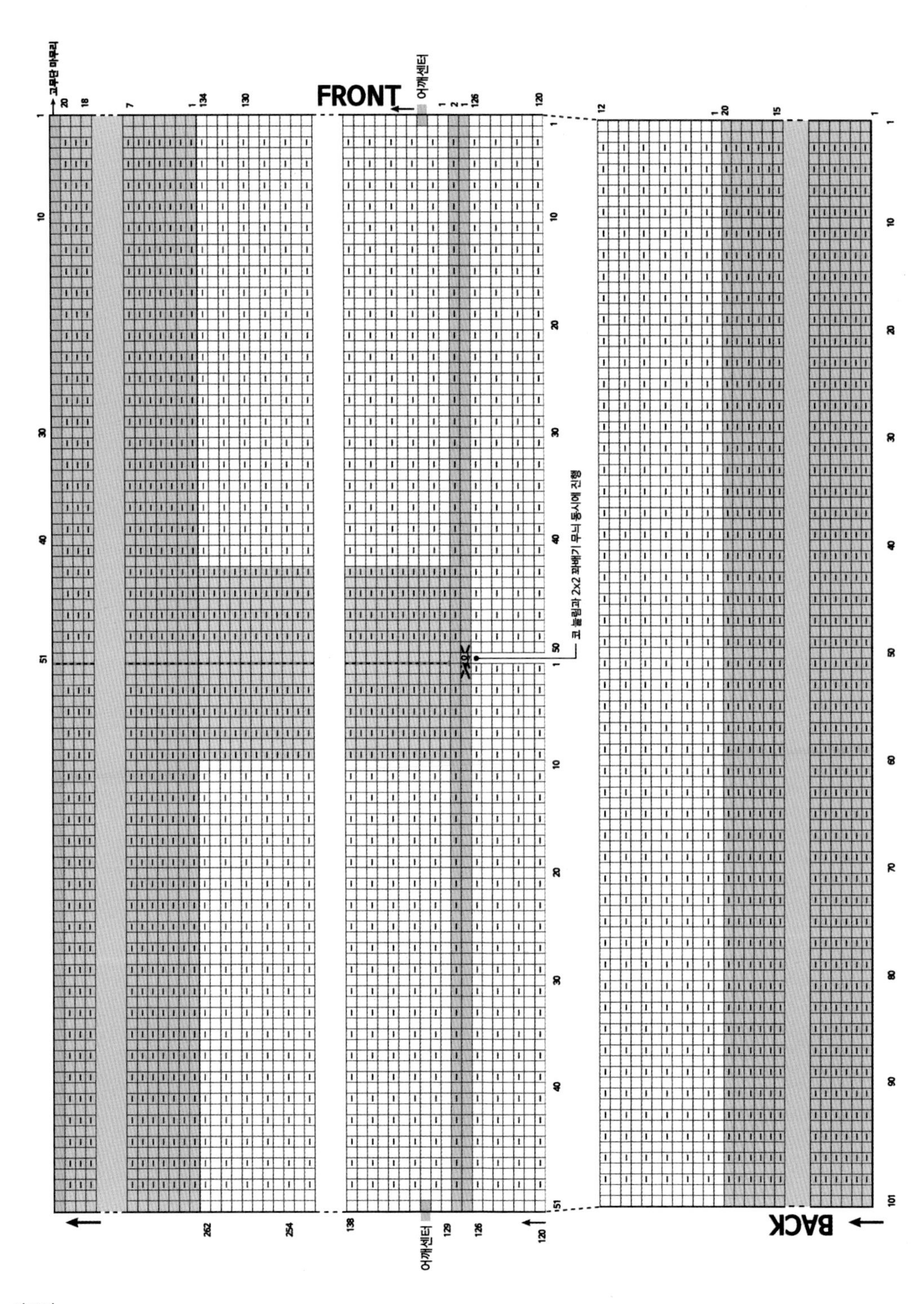

▭ : 안뜨기

▯=□ : 겉뜨기

⋙⋘ : 코 늘리기와 꽈배기 함께 진행

SLEEVE (소매)

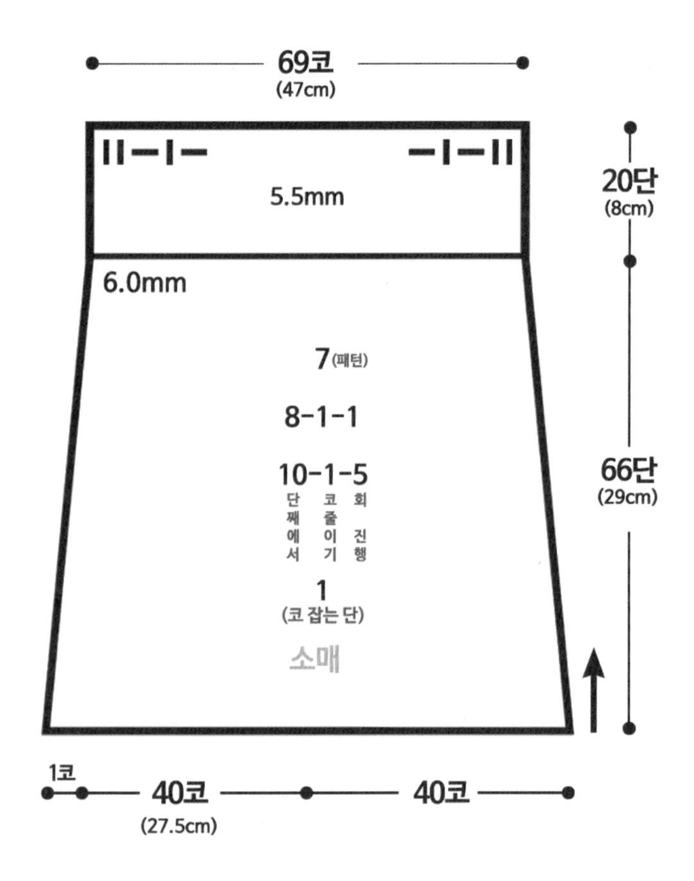

소매

연결 / 꿰매기

1. 실 2겹과 6.0mm 대바늘로 앞, 뒤판 도안에서 ▒▒ 어깨센터 양옆으로 각각 40코씩 잡아 총 81코 잡습니다.
2. 코를 잡은 단을 1단으로 카운팅해 패턴을 뜨기 시작합니다. 이후 매 10단마다 양옆 1코 줄이기를 5회 반복합니다.
3. 다음 8단째에서 양옆 1코를 줄이고 마지막 7단은 패턴에 맞춰 뜹니다.
4. 5.5mm 바늘로 바꾸고 고무단 20단을 뜹니다. 다 뜨고 돗바늘로 마무리합니다.
5. 소매 끝부터 몸판의 옆선까지 돗바늘로 꿰매어 연결합니다. 옆선을 틔우고 싶다면 고무단 전까지만 꿰매어 연결합니다.

SLEEVE (소매)

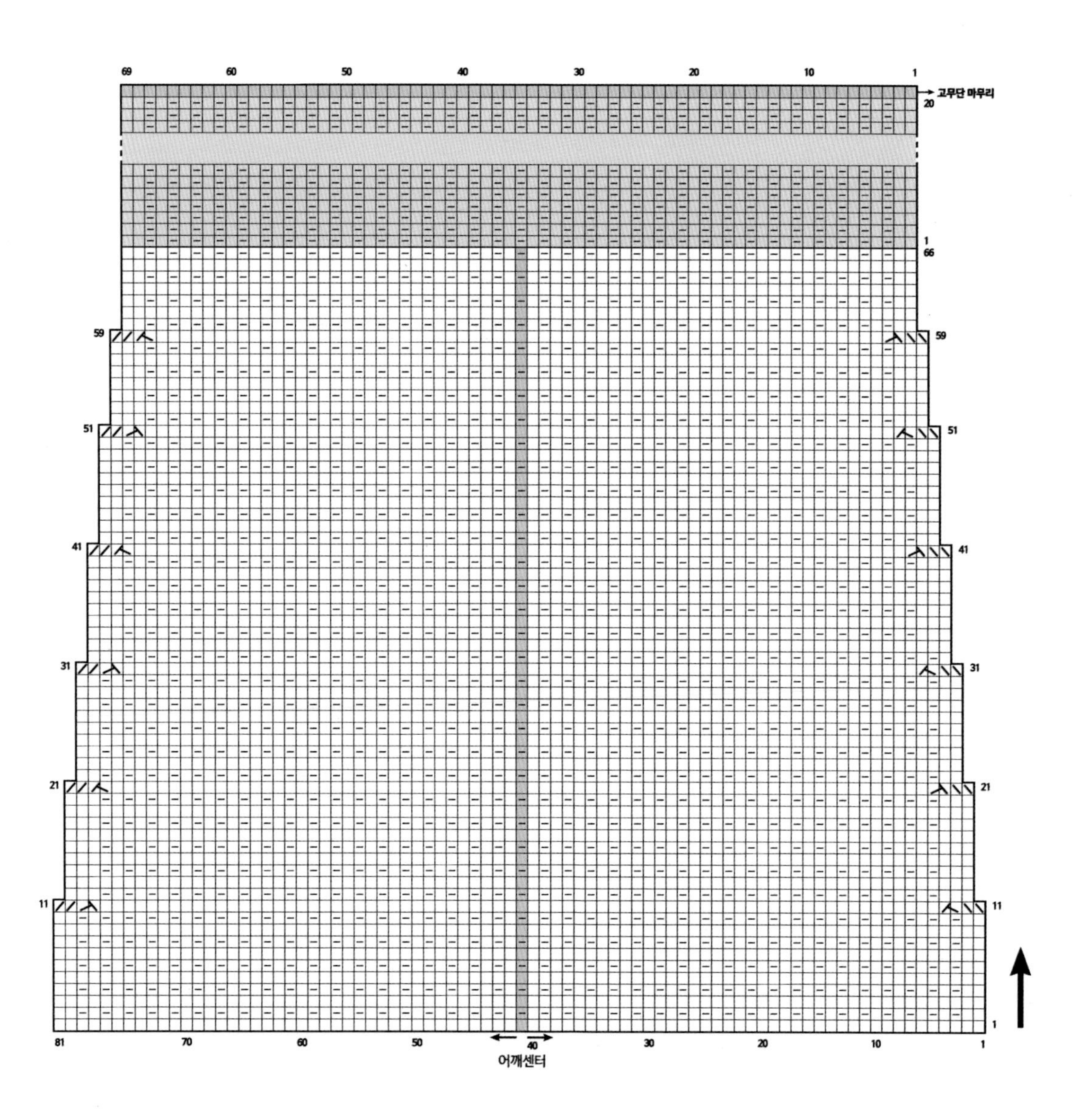

□=|=/=\ : 겉뜨기
— : 안뜨기
人 : 겉뜨기로 2코를 겹쳐뜨기
入 : 겉뜨기로 1코를 빼서 1코를 뜬 후 씌워주기

코안도르 스웨터

6

 소노모노 122 - 10볼 & 트위드 에코 37 - 13볼

 대바늘 5.5mm, 고무단 - 대바늘 5.0mm

 (평단)15코 × 23단 (패턴)14코 × 22단

 가슴 65 / 총장 63 / 소매 43 / 어깨 50 / 암홀 23(cm)

a. 2가지 실을 1겹씩 총 2겹을 합쳐 뜹니다.

b. 몸판은 바텀업, 소매는 탑다운으로 진행합니다.

c. 앞판과 뒤판은 같은 패턴이지만 순서가 조금 다릅니다.

d. 네크라인과 어깨산이 별도로 디자인되어 있지 않고, 어깨를 연결한 후 몸판 자체에서 소매코를 잡아 떠내려가는 디자인입니다.

✲ 제작 순서 ✲

뒤판 → 앞판 → 어깨 연결→ 네크라인 → 소매 → 소매, 몸판 옆선 꿰매기

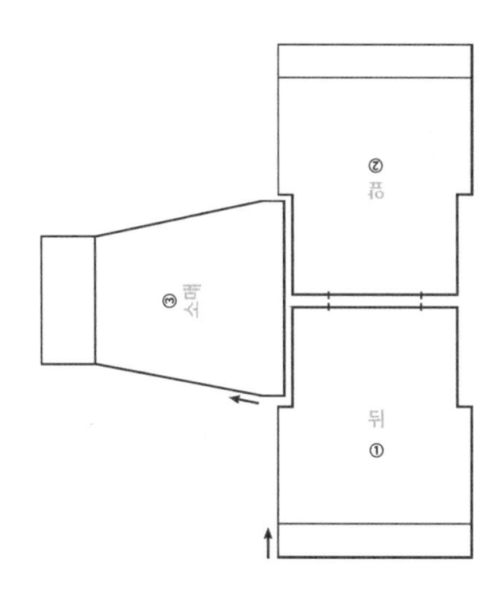

FRONT, BACK (앞, 뒤판)

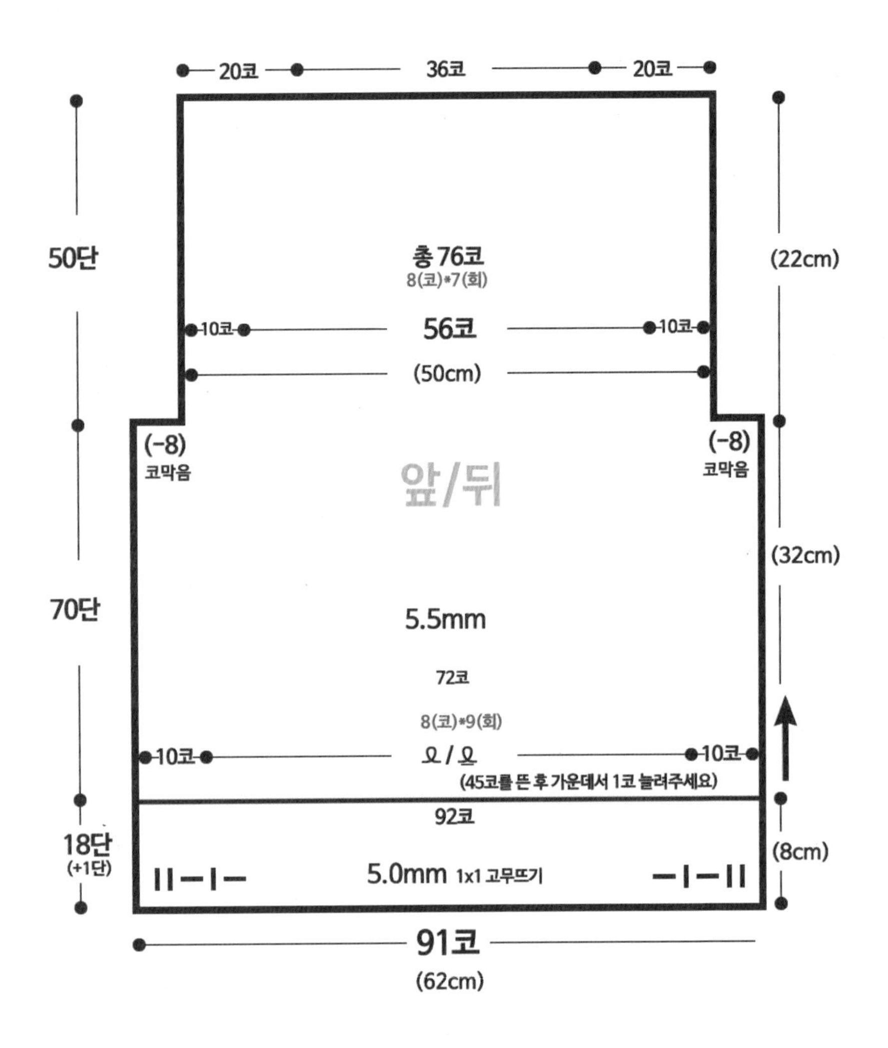

앞, 뒤판

1. 실 2겹과 5.0mm 대바늘로 고무코 91코를 만들어 18단을 뜹니다. (이때, 사슬이나 밑실로 기초코를 만들면 1단이 더해져 19단이 됩니다.) 옆선을 틔우고 싶다면 첫 코는 걸러 뜹니다.
2. 5.5mm 바늘로 바꾸고 도안을 참고해 70단을 뜹니다. 다만, 첫 번째 단에서 45코를 뜬 후 1코 늘려뜨기를 해서 총 92코로 진행합니다. 매 단마다 양옆 10코씩 같은 패턴으로 뜨고, 그 안은 겉뜨기나 안뜨기를 8코씩 9회 반복합니다. (10코+72코+10코=92코)
3. 양옆 8코를 코막음해 암홀을 만들고 도안을 따라 50단을 뜹니다. 별도의 마무리 없이 그대로 두고 앞판을 뜹니다.
4. 앞판과 뒤판의 어깨 부분을 양옆 20코씩 연결합니다. 이후 네크라인을 진행합니다.

FRONT, BACK (앞, 뒤판)

pattern

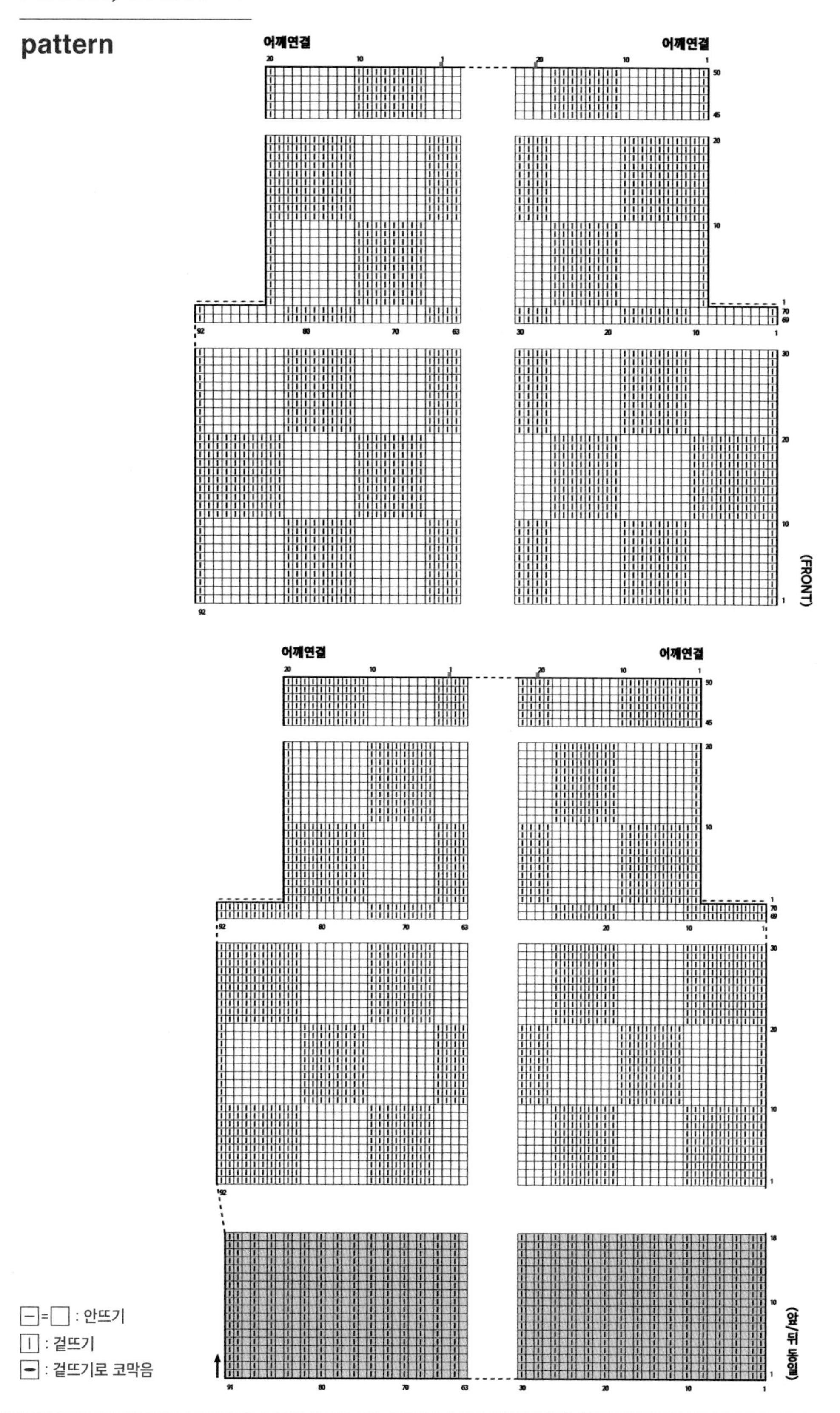

[−]=[ ] : 안뜨기
[|] : 겉뜨기
[▬] : 겉뜨기로 코막음

NECK LINE (네크라인)

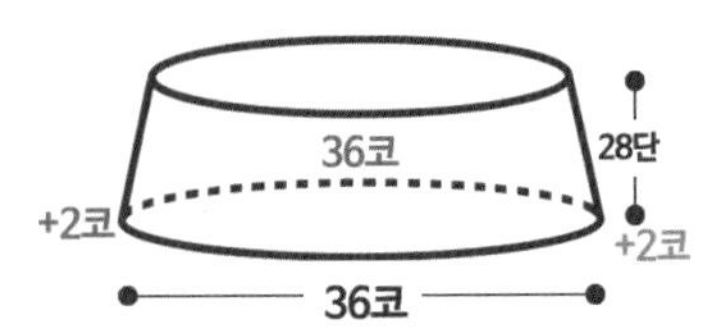

연결, 네크라인

소매

1. 뒤판의 네크라인에서 36코, 어깨 연결선에서 앞, 뒤판 각 1코씩 4코, 앞판의 네크라인에서 36코 총 76코를 1×1 고무뜨기로 28단 뜹니다. 다 뜨고 돗바늘로 마무리합니다.

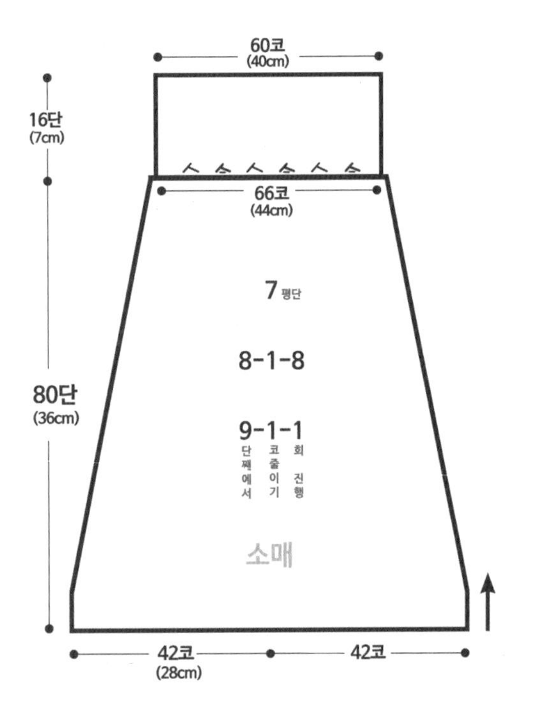

SLEEVE (소매)

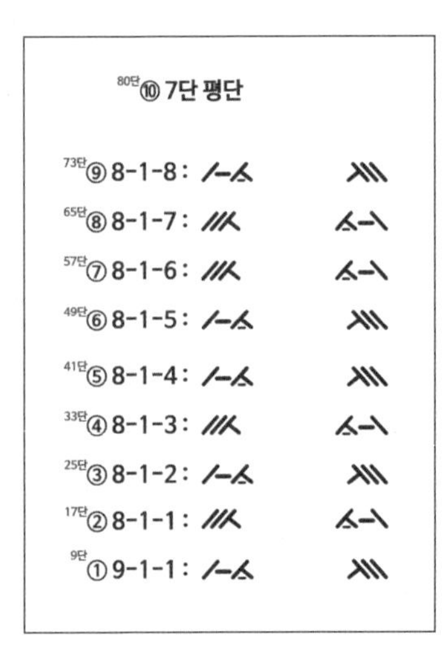

1. 암홀 코막음 지점에서부터 84코를 잡습니다. 앞, 뒤 암홀 부분에서 3코를 잡고 1코 건너뛰기를 반복하고 10단짜리 패턴에서는 2코를 잡고 1코 건너뛰기, 3코를 잡고 1코 건너뛰기, 2코를 잡고 1코 건너뛰기를 반복합니다. 즉, 10단 안에 7코를 잡습니다.
2. 코를 잡은 단을 1단으로 카운팅해 8단까지 도안을 따라 뜹니다. 9단에서 양옆 1코 줄이기를 합니다. 이후 매 8단마다 1코 줄이기를 8회 반복합니다. 다음 7단은 도안을 따라 뜹니다.
3. 80단까지 뜬 후, 5.0mm 바늘로 바꾸고 고무뜨기를 시작하면서 총 6코를 줄입니다.
4. 코를 줄인 단을 1단으로 카운팅해 15단까지 고무뜨기를 합니다. 다 뜨고 돗바늘로 마무리합니다.

SLEEVE (소매)

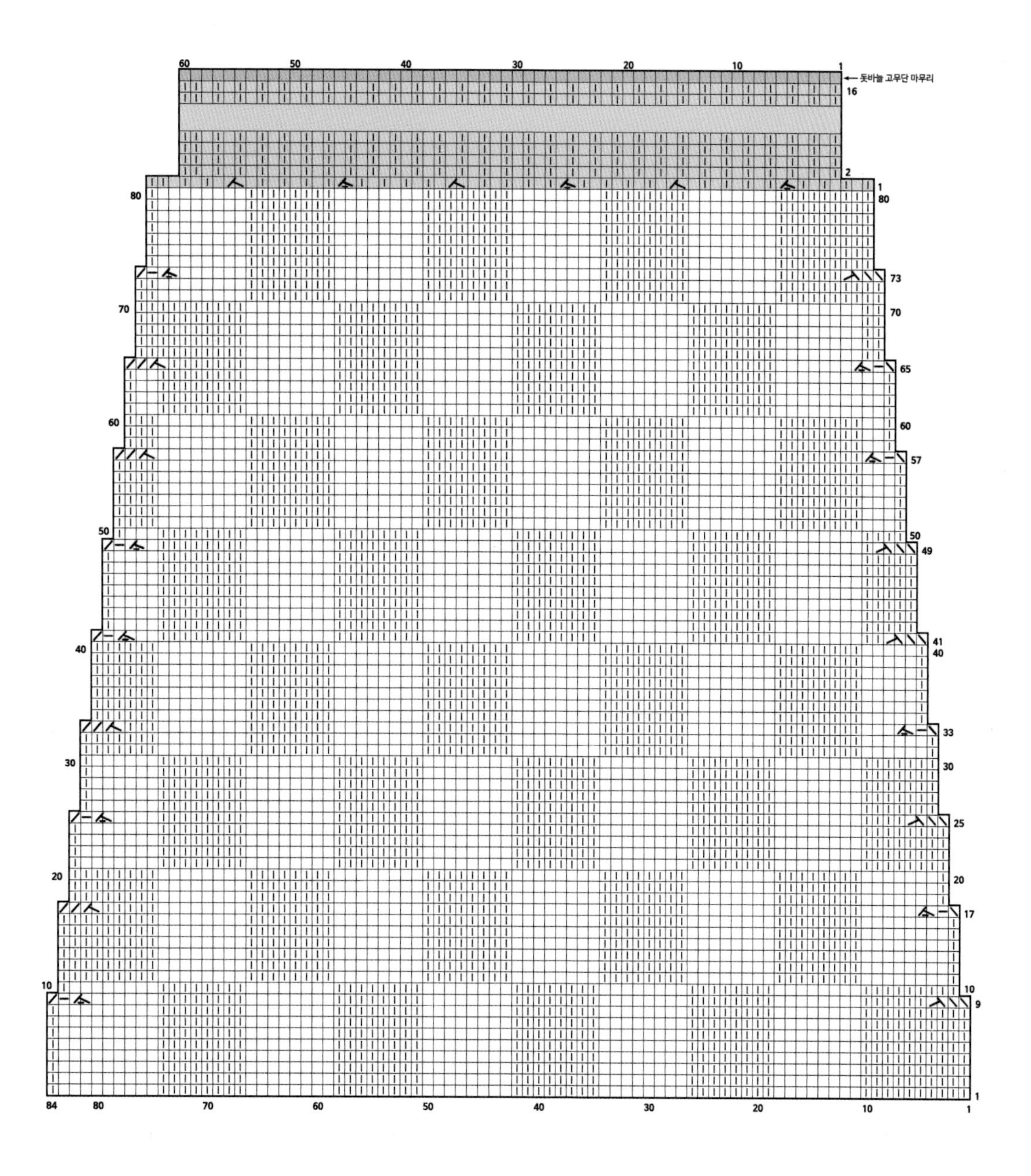

[−]=[ ] : 안뜨기 [人] : 겉뜨기로 2코를 겹쳐뜨기 [人] : 안뜨기로 2코를 겹쳐뜨기

[|]=[/]=[\] : 겉뜨기 [入] : 겉뜨기로 1코를 빼서 1코를 뜬 후 씌워주기

퐁퐁 폴카 닷 뷔스티에

더블 선데이 3553 / 2511 / 8051 - 4볼

도트 평단 - 대바늘 4.5mm, 고무단 - 대바늘 4.0mm

(평단) 19코 × 27단

S-M : 가슴 47 / 총장 50 / 스트랩 18.5 (cm)
M-L : 가슴 52 / 총장 53 / 스트랩 18.5 (cm)

a. 바텀업 방식으로 뜨다가 오른쪽 가슴 부분, 왼쪽 가슴 부분순으로 진행합니다.

b. 스트랩의 길이는 중간중간 입어보며 조절합니다.

✲ 제작 순서 ✲

앞판 → 뒤판 → 스트랩 연결

FRONT (앞판)

S-M size

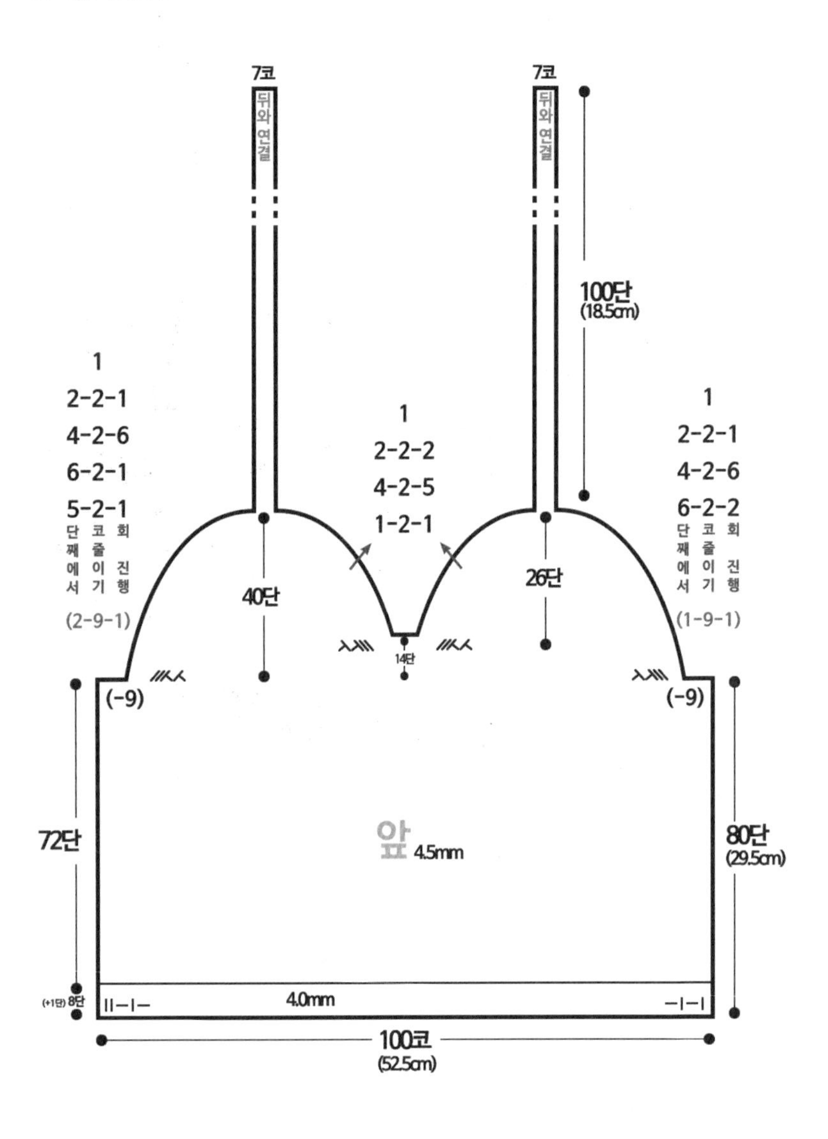

앞판

1. 4.0mm 대바늘로 고무코 100코를 만들어 8단을 뜹니다.

(이때, 사슬이나 밑실로 기초코를 만들면 1단이 더해져 9단이 됩니다.)

2. 4.5mm 바늘로 바꾸고 도안을 따라 72단을 뜹니다. 양옆 9코를 코막음하고 이 단부터 1단으로 카운팅해 진행합니다. 오른쪽 가슴 부분, 왼쪽 가슴 부분순으로 뜨고 스트랩은 몸에 대보며 길이를 조절합니다.

FRONT (앞판)

S-M size

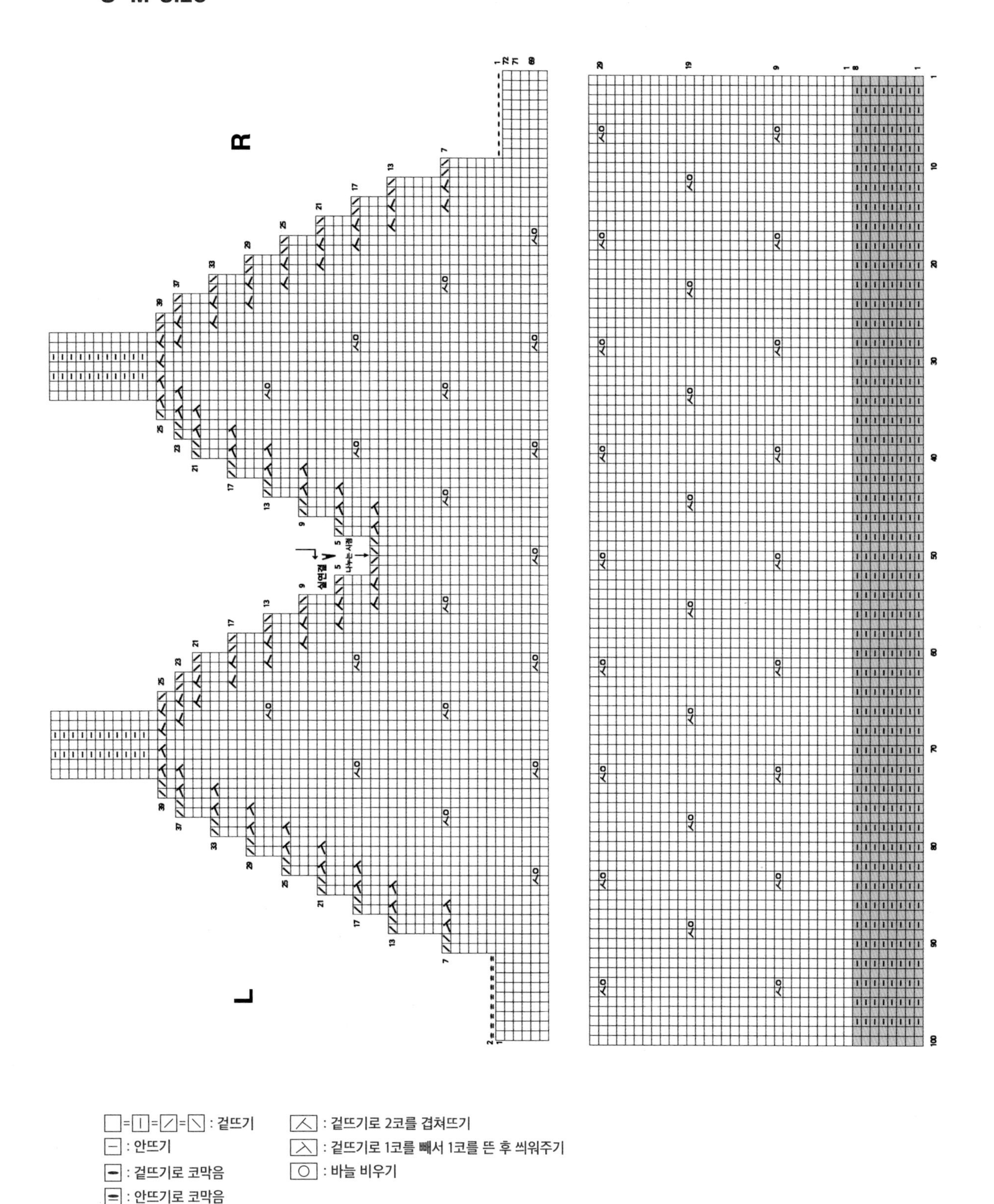

□=[I]=[/]=[\] : 겉뜨기
[–] : 안뜨기
[▬] : 겉뜨기로 코막음
[☰] : 안뜨기로 코막음
[⋏] : 겉뜨기로 2코를 겹쳐뜨기
[⋌] : 겉뜨기로 1코를 빼서 1코를 뜬 후 씌워주기
[O] : 바늘 비우기

BACK (뒤판)

S-M size

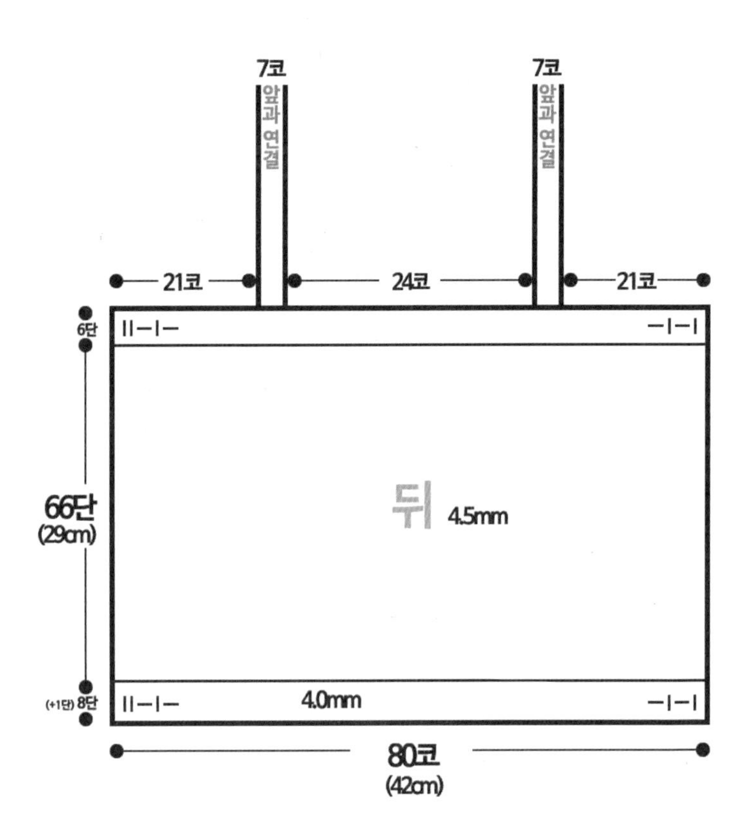

뒤판

1. 4.0mm 대바늘로 고무코 80코를 만들어 8단을 뜹니다.

(이때, 사슬이나 밑실로 기초코를 만들면 1단이 더해져 9단이 됩니다.)

2. 4.5mm 바늘로 바꾸고 도안을 따라 66단을 뜹니다.

3. 4.0mm 바늘로 바꿔 고무단 6단을 뜨고 돗바늘로 마무리합니다. 앞판의 스트랩과 뒤판을 돗바늘로 연결합니다.

BACK (뒤판)

S-M size

□=①=②=③ : 겉뜨기
□ : 안뜨기
■ : 겉뜨기로 코막음
■ : 안뜨기로 코막음
⋏ : 겉뜨기로 2코를 겹쳐뜨기
⋏ : 겉뜨기로 1코를 빼서 1코를 뜬 후 씌워주기
○ : 바늘 비우기

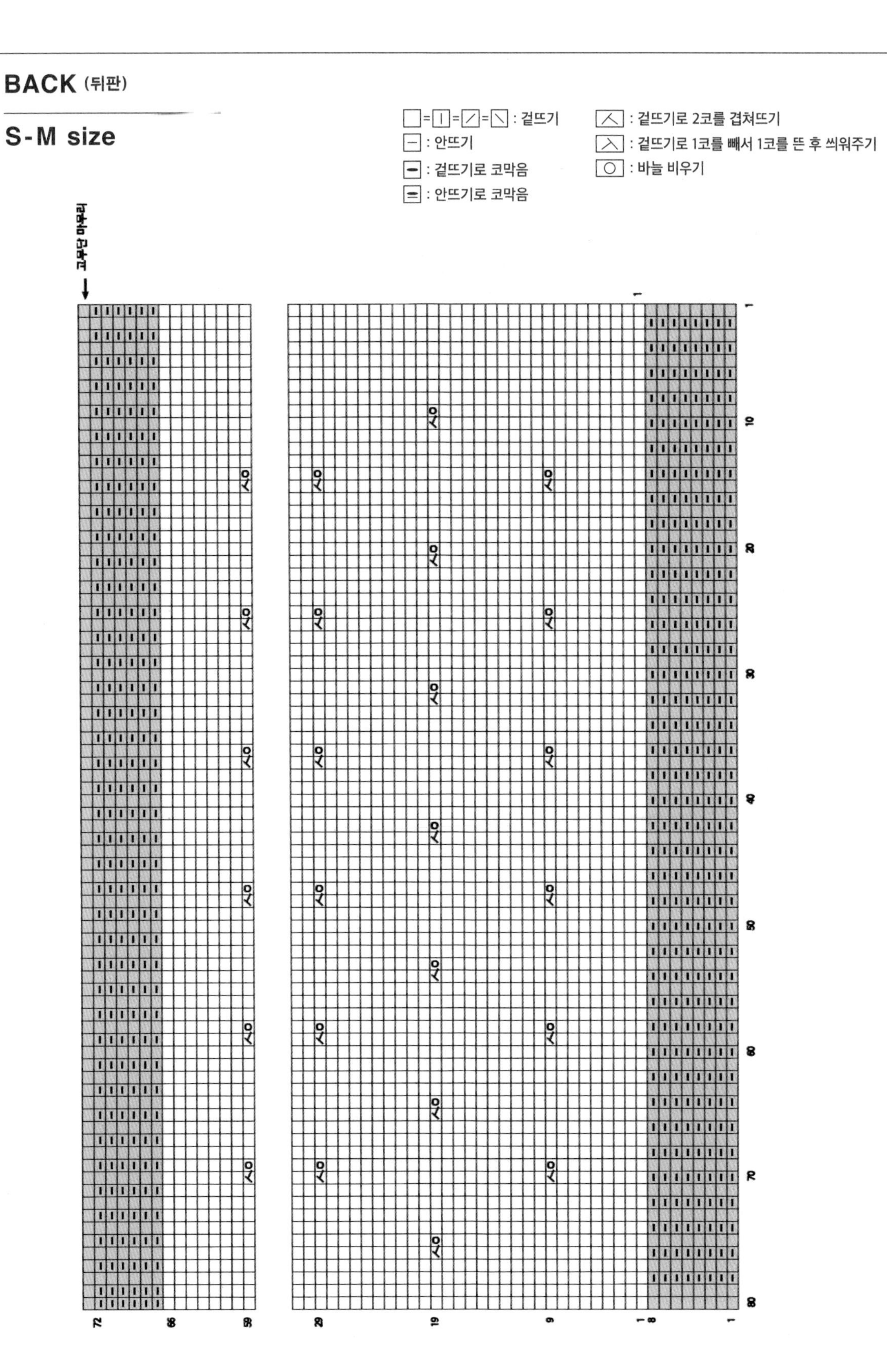

FRONT (앞판)

M-L size

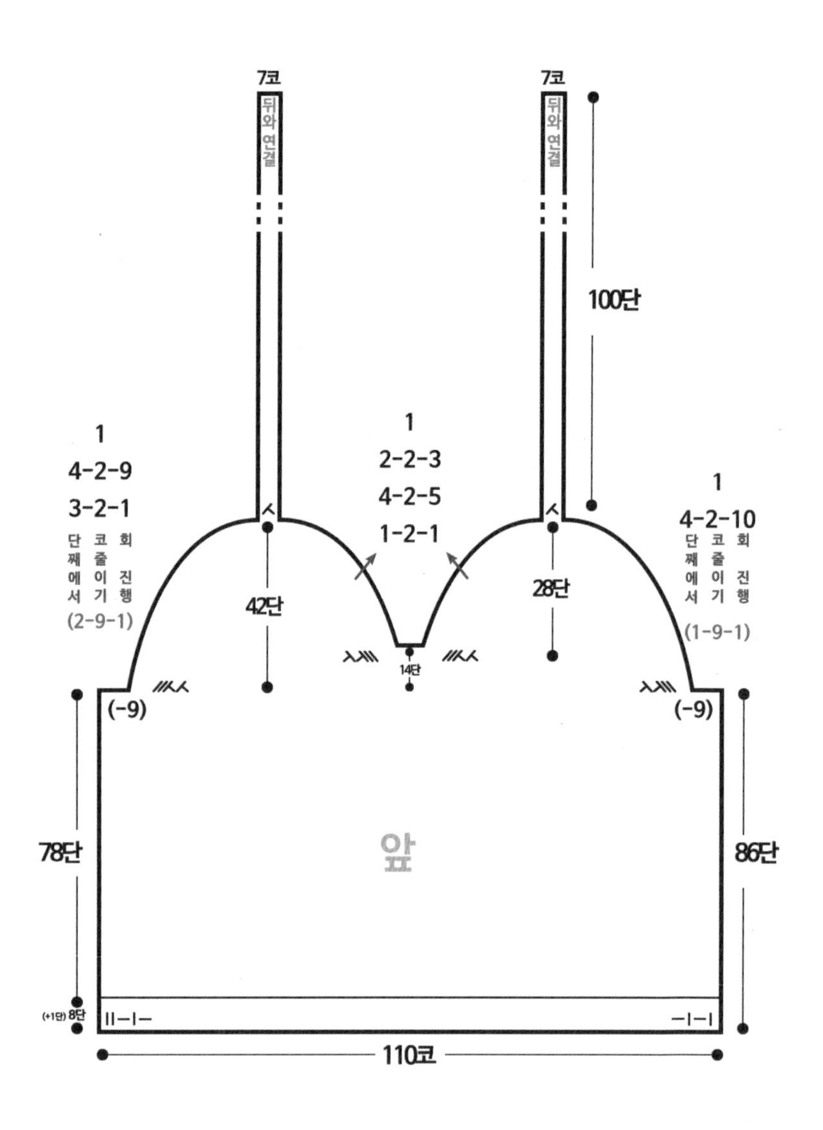

앞판

1. 4.0mm 대바늘로 고무코 110코를 만들어 8단을 뜹니다.

(이때, 사슬이나 밑실로 기초코를 만들면 1단이 더해져 9단이 됩니다.)

2. 4.5mm 바늘로 바꾸고 도안을 따라 78단을 뜹니다. 양옆 9코를 코막음하고 이 단부터 1단으로 카운팅해 진행합니다. 오른쪽 가슴 부분, 왼쪽 가슴 부분순으로 뜨고 스트랩은 몸에 대보며 길이를 조절합니다.

FRONT (앞판)

M-L size

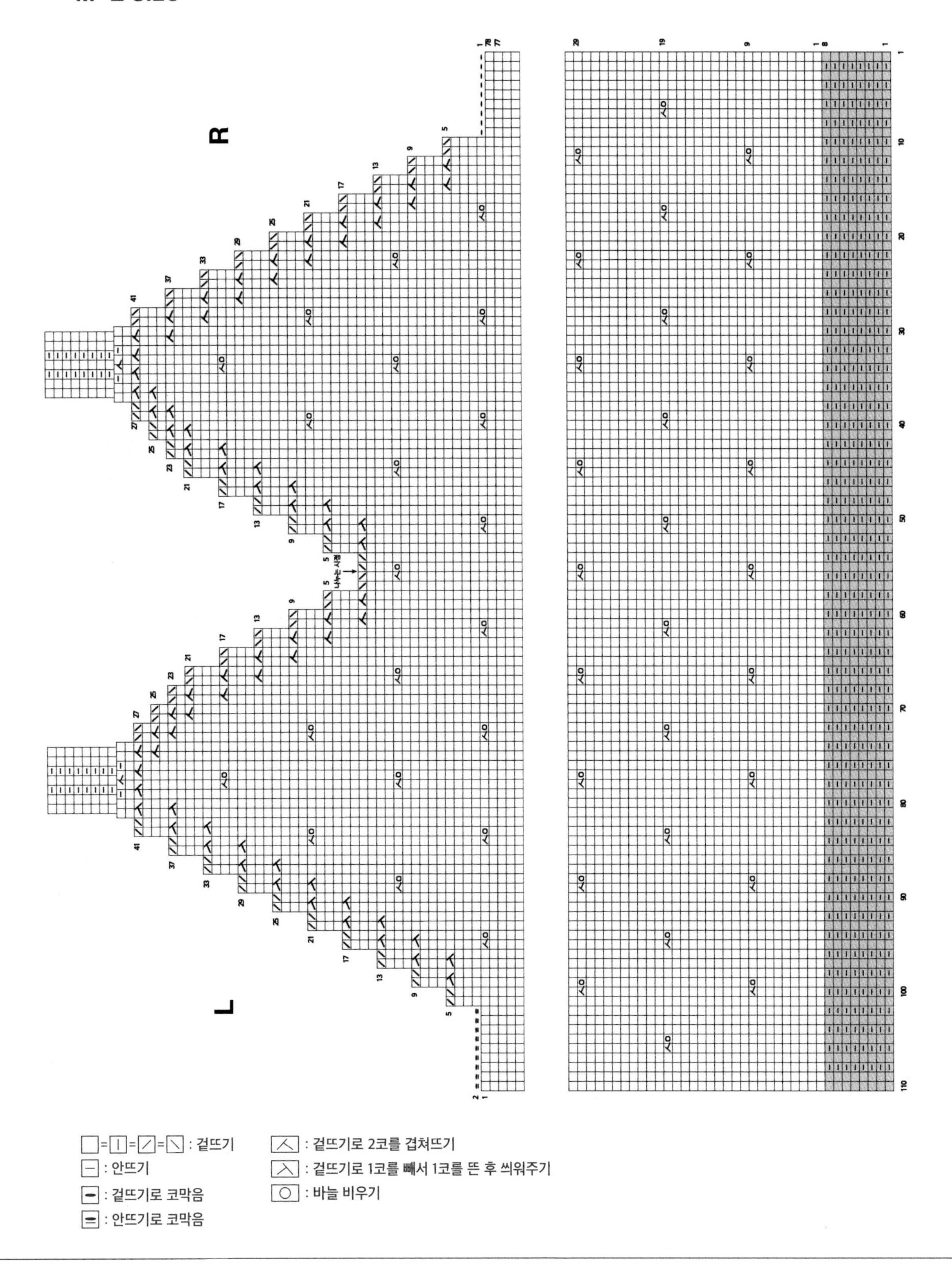

□=[|]=[/]=[\] : 겉뜨기
[–] : 안뜨기
[▬] : 겉뜨기로 코막음
[═] : 안뜨기로 코막음
[⋏] : 겉뜨기로 2코를 겹쳐뜨기
[⋏] : 겉뜨기로 1코를 빼서 1코를 뜬 후 씌워주기
[○] : 바늘 비우기

BACK (뒤판)

M-L size

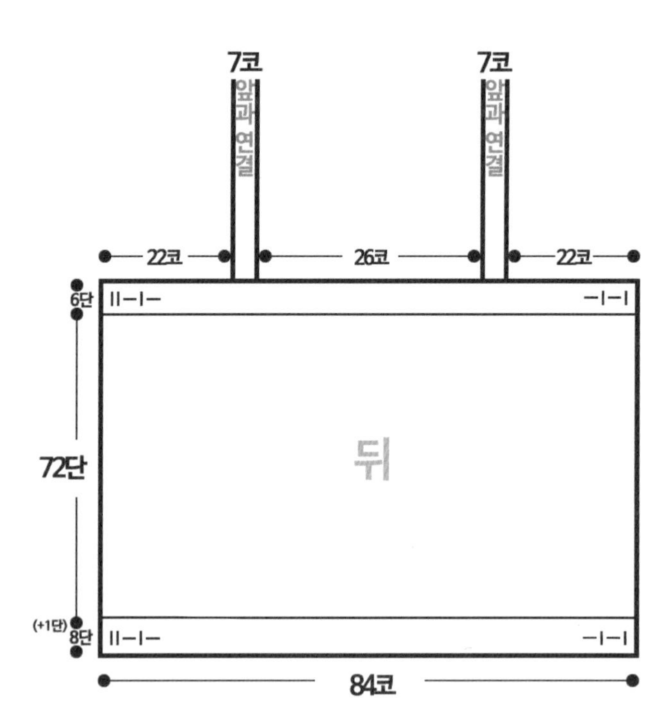

뒤판

1. 4.0mm 대바늘로 고무코 84코를 만들어 8단을 뜹니다.

(이때, 사슬이나 밑실로 기초코를 만들면 1단이 더해져 9단이 됩니다.)

2. 4.5mm 바늘로 바꾸고 도안을 따라 72단을 뜹니다.

3. 4.0mm 바늘로 바꿔 고무단 6단을 뜨고 돗바늘로 마무리합니다. 앞판의 스트랩과 뒤판을 돗바늘로 연결합니다.

BACK (뒤판)

M-L size

□=[|]=[/]=[\] : 겉뜨기
[–] : 안뜨기
[▬] : 겉뜨기로 코막음
[⊟] : 안뜨기로 코막음
[⋀] : 겉뜨기로 2코를 겹쳐뜨기
[⋏] : 겉뜨기로 1코를 빼서 1코를 뜬 후 씌워주기
[○] : 바늘 비우기

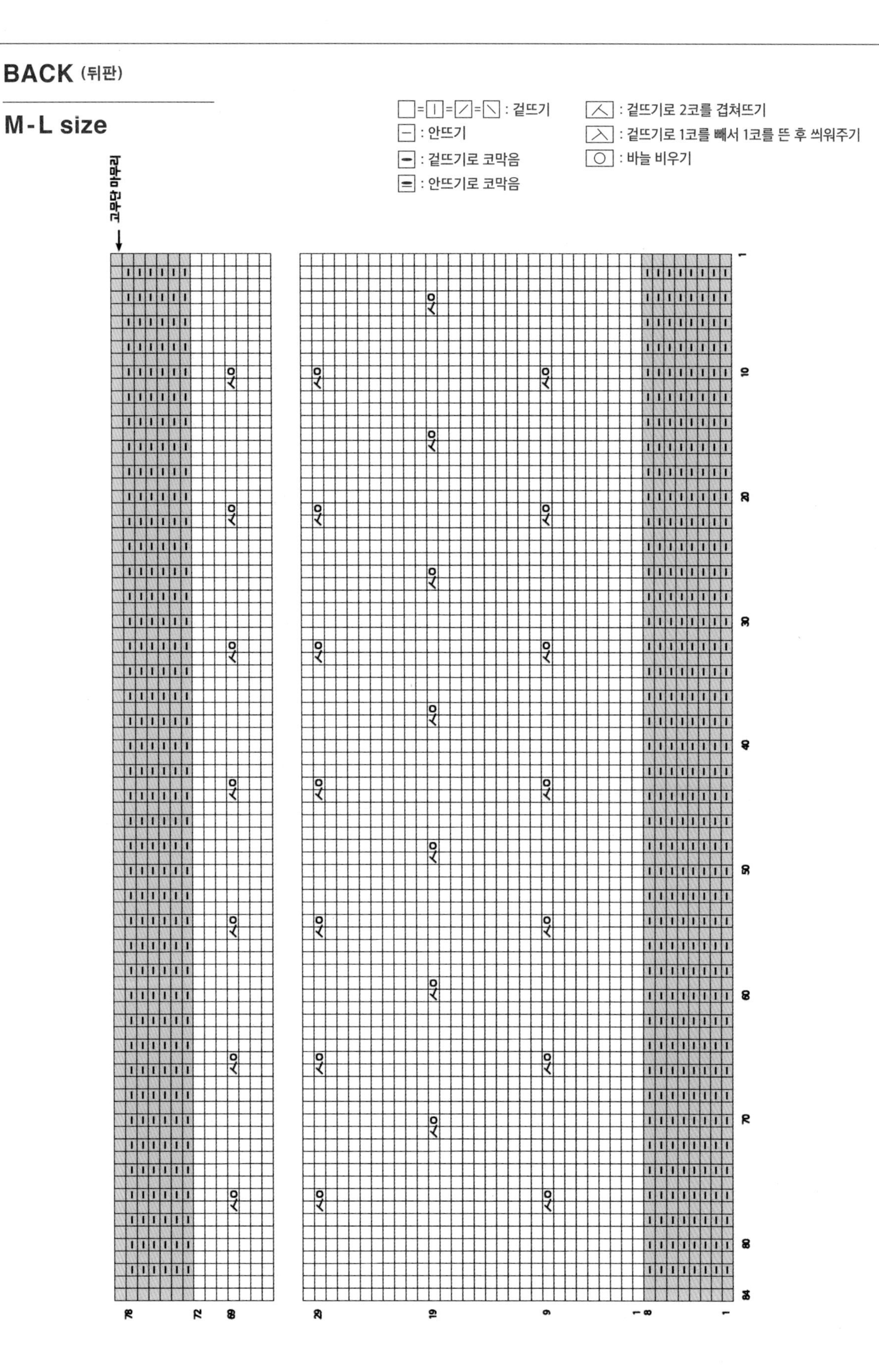

플레이 울 셋업

8

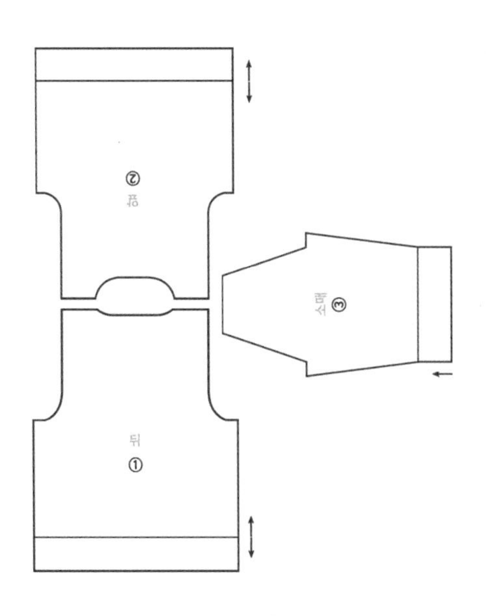

플레이 울 풀오버

 카르페디엠 139 - 10볼 & 92 - 2볼

 대바늘 5.0mm, 고무단 - 대바늘 4.0mm

 (평단)16코 × 24단

 Free / 가슴 68 / 어깨 52 / 소매 62 / 암홀 24 / 총장 60(cm)

a. 앞, 뒤판의 평단 부분은 바텀업, 고무단 부분은 탑다운, 소매는 바텀업으로 뜨고 꿰매어 완성합니다

✲ 제작 순서 ✲

뒤판(평단) → 뒤판(고무단)→ 앞판(평단) → 앞판(고무단) → 어깨 연결→ 몸판 옆선 꿰매기 → 소매 → 소매, 몸판 연결 → 네크라인

BACK (뒤판)

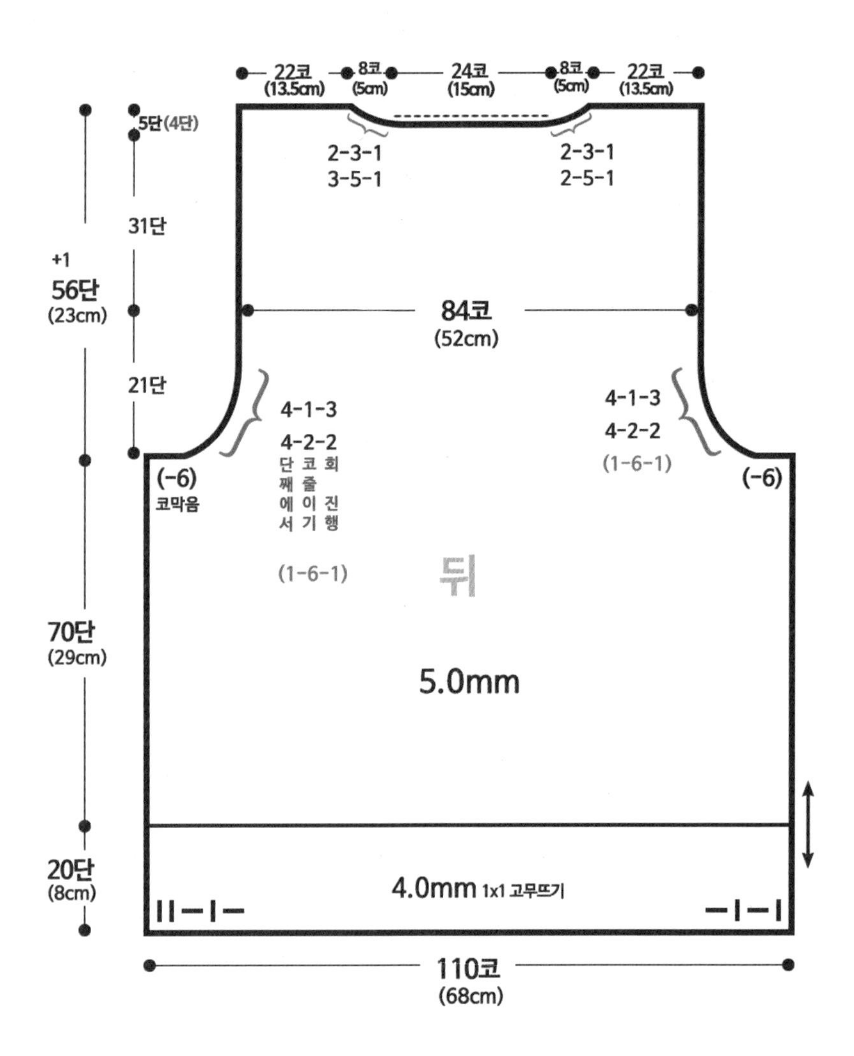

뒤판

1. 5.0mm 대바늘과 사용하지 않는 밑실로 110코를 잡고 평단 70단을 뜹니다.
2. 70단까지 뜬 후, 양옆 6코를 코막음해 암홀을 만듭니다. 이후 매 4단마다 양옆 2코 줄이기를 2회 반복합니다. 이후 매 4단마다 양옆 1코 줄이기를 3회 반복합니다.
3. 여기서부터 평단 31단을 더 뜨고 53단부터 도안을 따라 네크라인을 진행합니다.
4. 별도의 마무리 없이 어깨핀이나 바늘에 그대로 둡니다.
5. 아래 배색 부분은 밑실에 있는 코를 4.0mm 바늘로 걸어 배색 실로 고무단 20단을 뜨고 돗바늘로 마무리합니다.

BACK (뒤판)

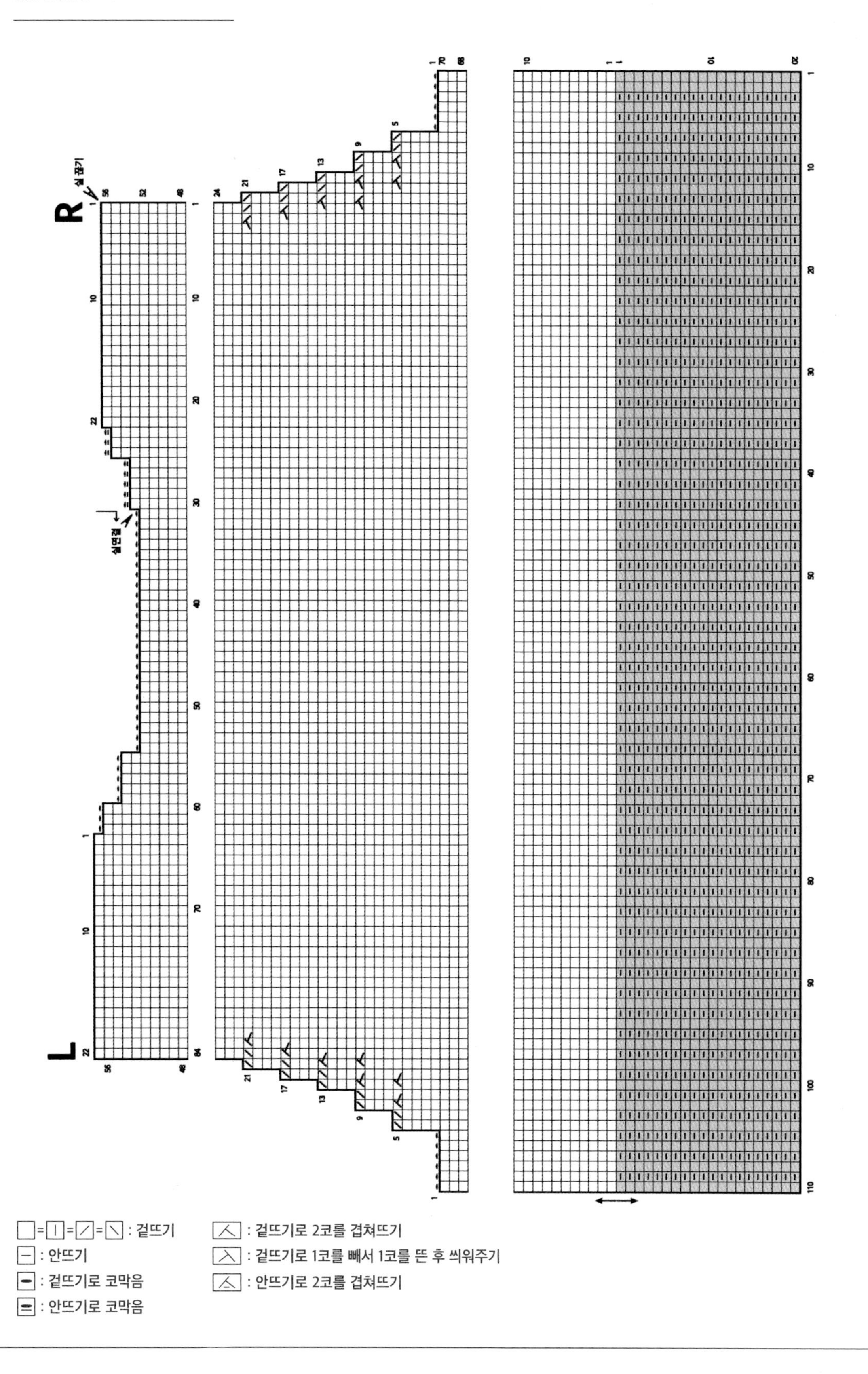

□=|=/=\ : 겉뜨기
— : 안뜨기
▬ : 겉뜨기로 코막음
▭ : 안뜨기로 코막음
人 : 겉뜨기로 2코를 겹쳐뜨기
入 : 겉뜨기로 1코를 빼서 1코를 뜬 후 씌워주기
仌 : 안뜨기로 2코를 겹쳐뜨기

FRONT (앞판)

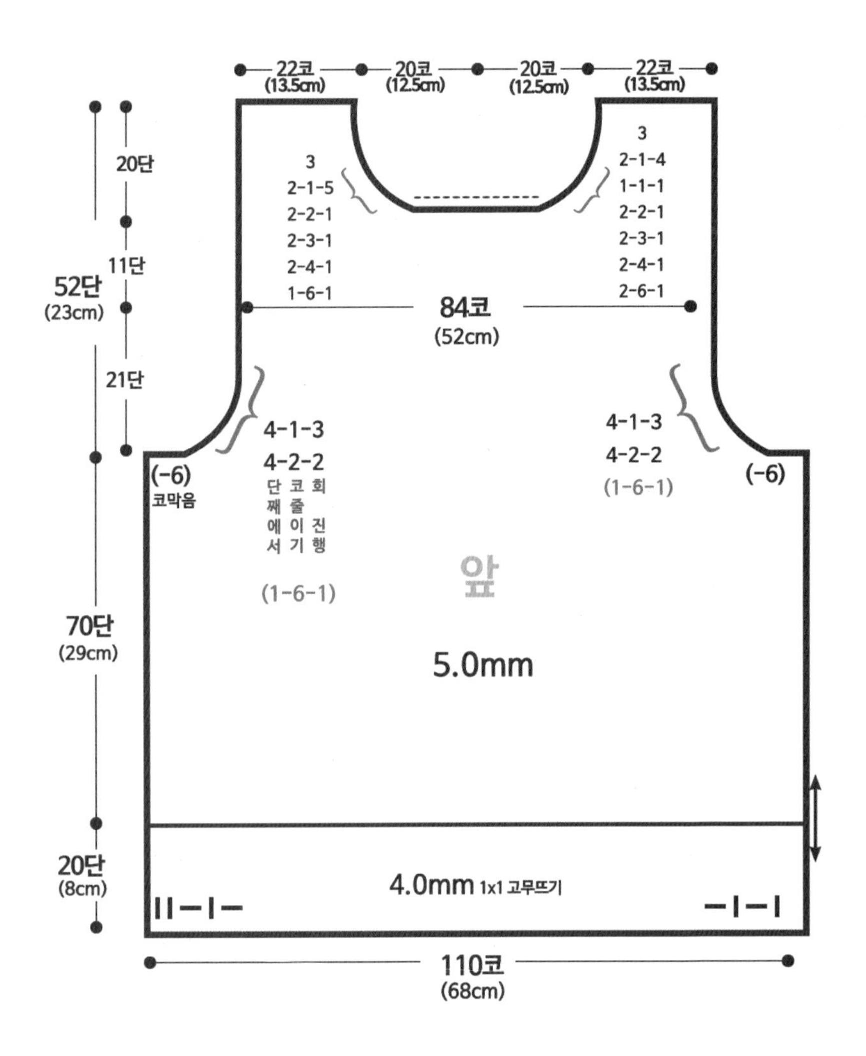

앞판

1. 시작부터 암홀 후 줄이기(21단)까지는 뒤판과 동일합니다.

2. 평단 11단을 더 뜨고 도안에 따라 네크라인을 진행합니다.

3. 별도의 마무리 없이 어깨핀이나 바늘에 그대로 둡니다. 4.0mm 바늘로 바꾸고 배색 실로 고무단 20단을 뜬 후, 돗바늘로 마무리합니다.

4. 완성한 앞, 뒤판의 어깨를 연결합니다.

FRONT (앞판)

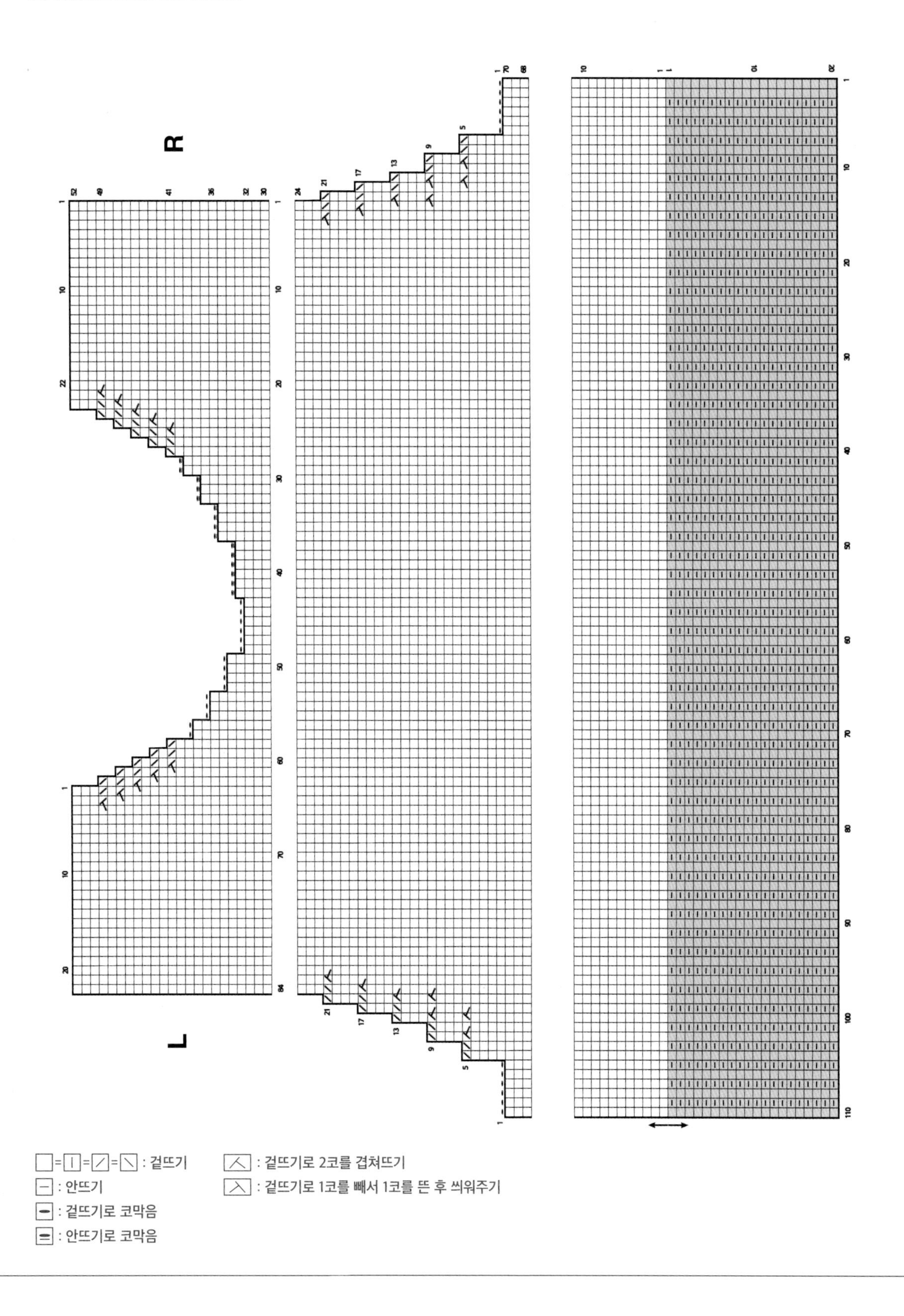
R
L
□=▯=▱=◺ : 겉뜨기
⊟ : 안뜨기
▬ : 겉뜨기로 코막음
〓 : 안뜨기로 코막음
⋏ : 겉뜨기로 2코를 겹쳐뜨기
⋋ : 겉뜨기로 1코를 빼서 1코를 뜬 후 씌워주기

SLEEVE (소매)

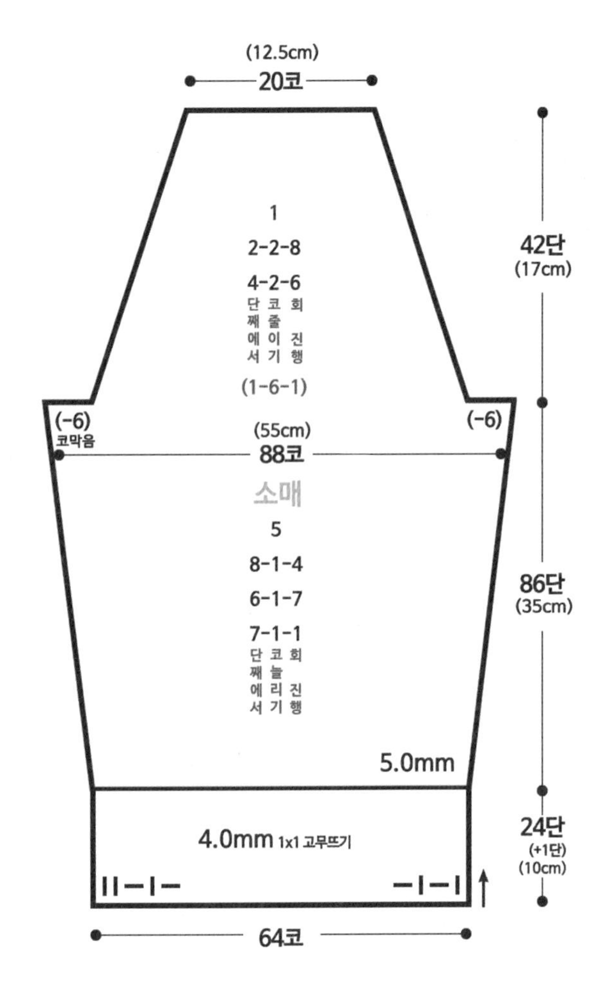

NECK LINE (네크라인)

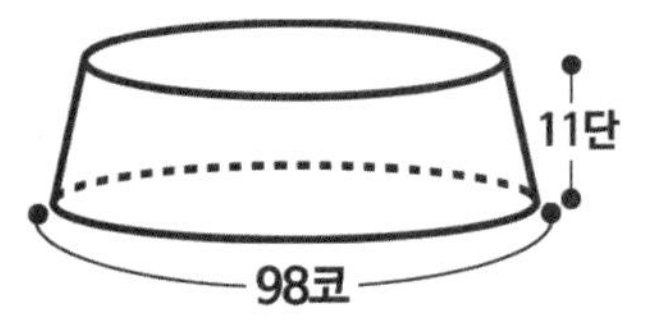

1. 배색 실이나 몸판과 동일한 실을 골라 4.0mm 바늘로 몸판 네크라인에서 98코를 잡습니다. 이때 영상을 참고해 코막음을 한 부분은 건너뜁니다.

2. 1 × 1 고무뜨기로 11단까지 뜨고 돗바늘로 마무리합니다. 취향에 따라 단수를 조절해도 좋습니다.

소매

연결, 네크라인

1. 배색 실과 4.0mm 대바늘로 고무코 64코 만들어 24단을 뜹니다. (이때, 사슬이나 밑실로 기초코를 만들면 1단이 더해져 25단이 됩니다.)

2. 바탕 실과 5.0mm 바늘로 바꾸고 평단을 뜹니다. 7단에서 양옆 1코 늘이기를 합니다.

3. 이후 매 6단마다 양옆 1코 늘리기를 7회 반복합니다. 다음 매 8단마다 양옆 1코 늘이기를 4회 반복하고 평단 5단을 뜹니다.

4. 86단까지 뜬 후, 양옆 6코를 코막음합니다. 이후 매 4단마다 양옆 2코 줄이기를 6회 반복합니다. 다음 매 2단마다 양옆 2코 줄이기를 8회 반복합니다.

5. 마지막으로 1단을 안뜨기하고 코바늘이나 대바늘로 코막음해 마무리합니다. 소매의 옆선을 꿰매고 몸판에 연결합니다.

SLEEVE (소매)

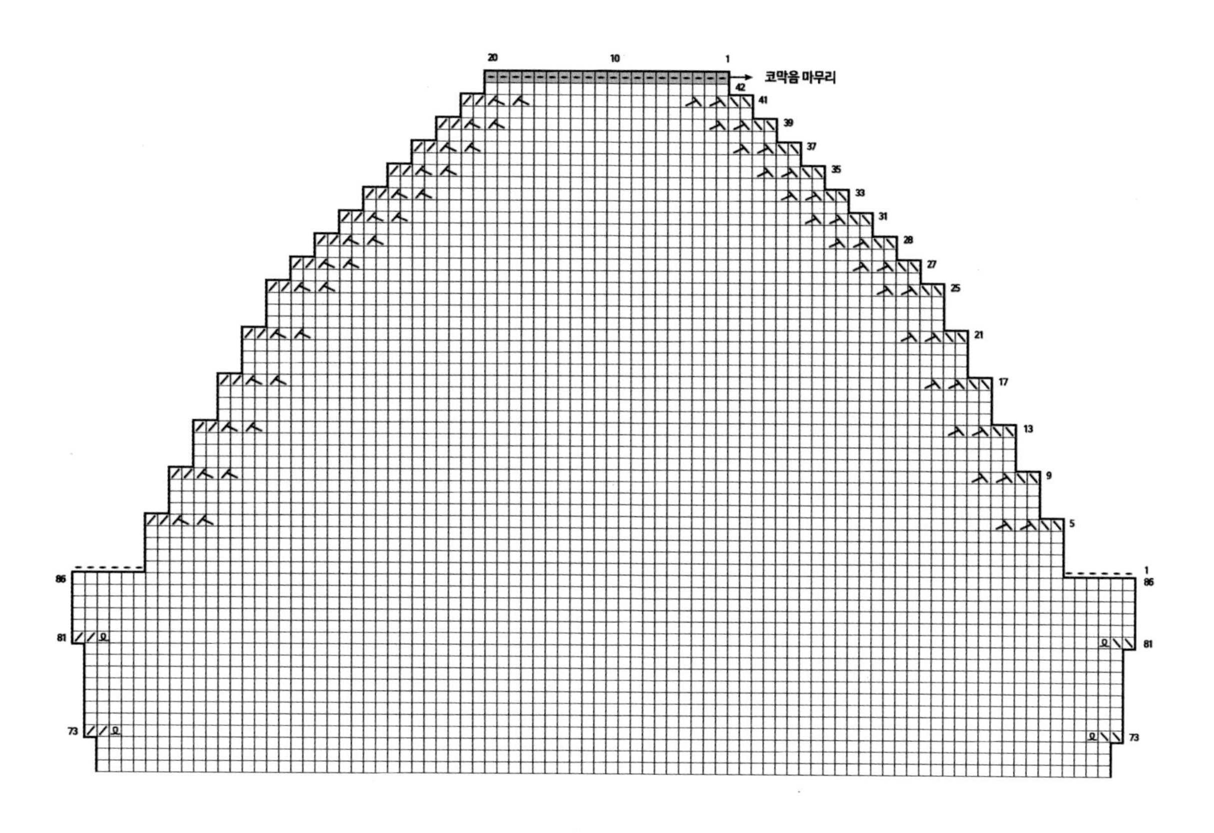

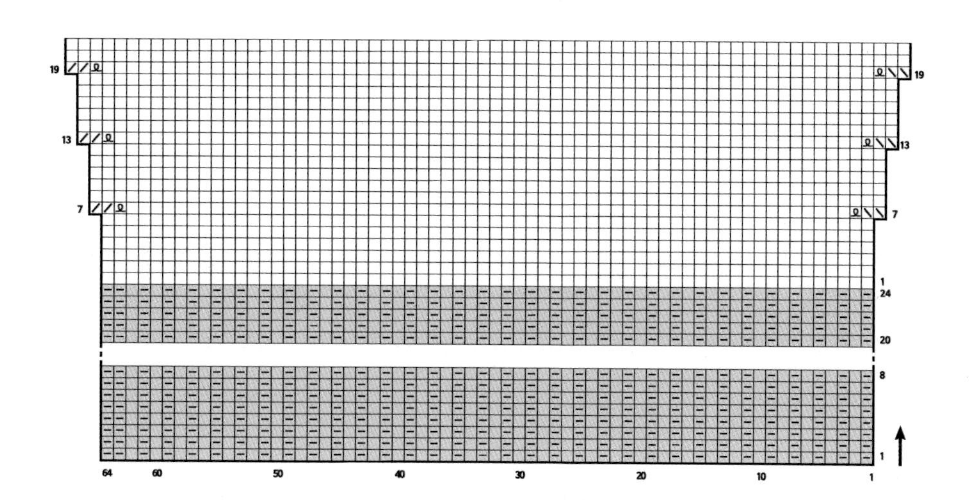

□=□=□=□ : 겉뜨기

□ : 안뜨기

□ : 겉뜨기로 코막음

□ : 안뜨기로 코막음

□ : 겉뜨기로 2코를 겹쳐뜨기

□ : 겉뜨기로 1코를 빼서 1코를 뜬 후 씌워주기

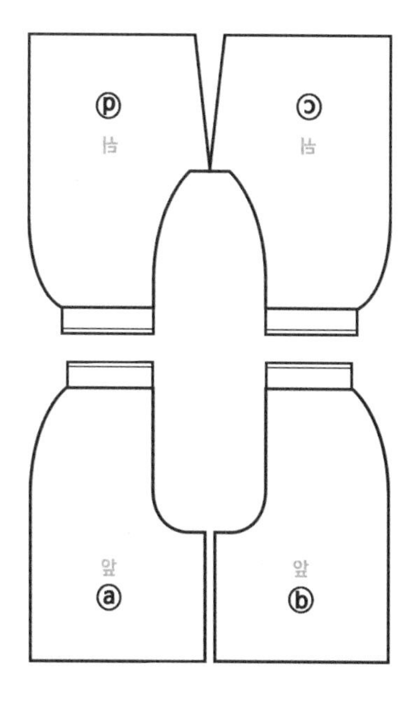

플레이 울 쇼츠

 카르페디엠 139 - 7볼 & 92 - 1볼

 대바늘 5.0mm, 고무단 - 대바늘 4.0mm

 16코 × 24단

 Free / 밑단 38 / 밑위 24 / 허리 54 / 총장 48(cm)

a. 앞, 뒤판을 따로 바텀업으로 떠서 벨트 부분을 뜨고 옆선을 연결합니다.

b.벨트 부분은 겹단으로 뜨니 영상을 참고합니다.

✲ 제작 순서 ✲

앞판(ⓐ,ⓑ) → 앞판 연결 → 앞판 벨트(겹단/스트링 구멍 확인) → 뒷판(ⓒ,ⓓ) → 뒷판 연결 → 뒷판 벨트 (겹단) → 앞, 뒤판 옆선 연결

FRONT (팬츠 앞판)

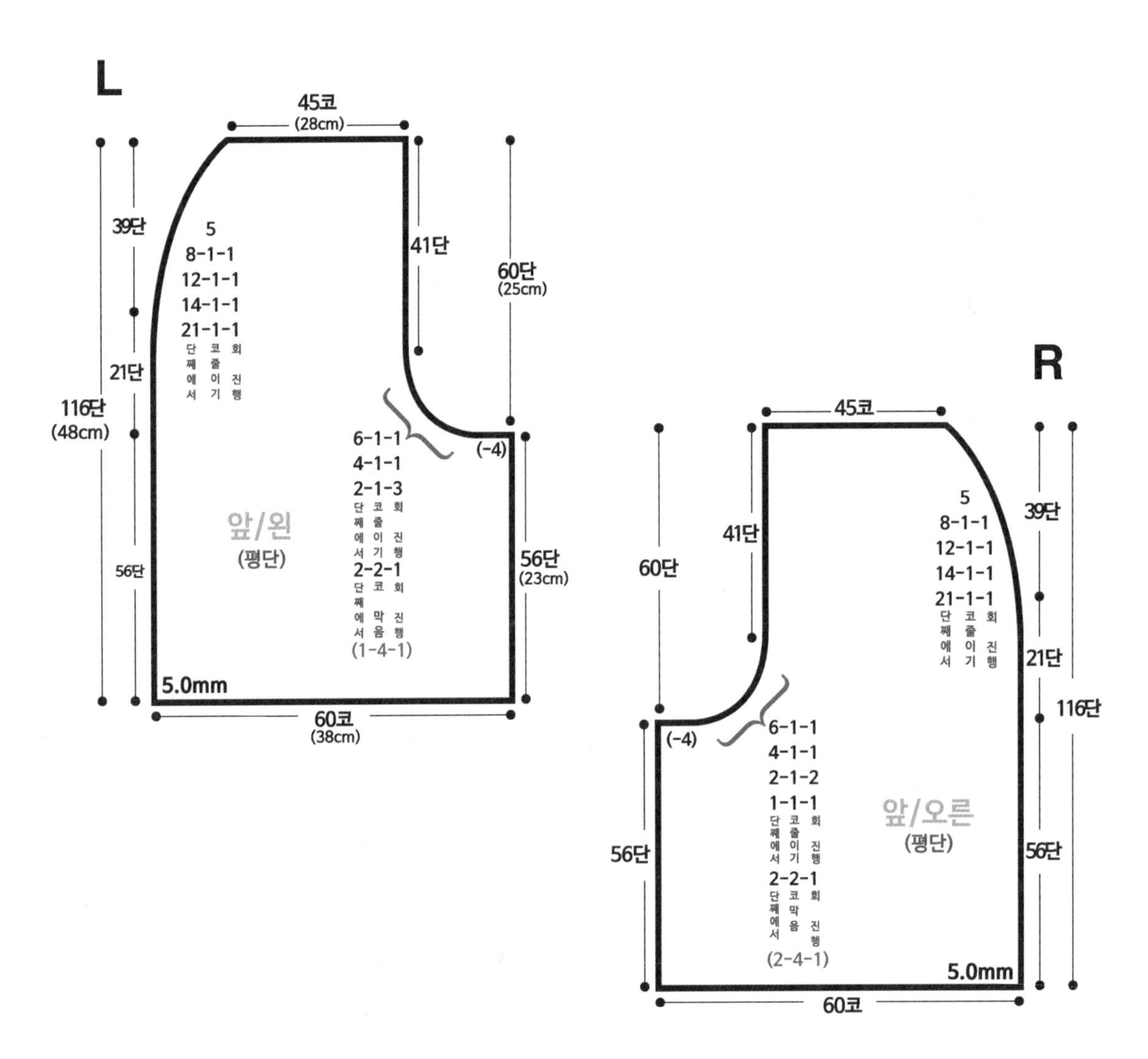

앞판

벨트 겹단

1. 5.0mm 대바늘로 60코를 잡고 메리야스뜨기로 56단을 뜹니다.
2. 57단째부터 1단으로 카운팅을 다시 시작합니다. 왼쪽 앞판은 1단에서 4코 코막음을, 오른쪽 앞판은 안뜨기단인 2단에서 4코 코막음합니다. 이후 도안을 따라 밑위 줄이기를 진행합니다.
3. 19단까지 진행하면 밑위 줄이기가 끝납니다. 21단부터 도안을 따라 힙 줄이기를 진행합니다.
4. 60단까지 진행하면 힙 줄이기를 끝납니다. 벨트 부분은 QR 영상을 참고해 배색 실로 겹단을 진행합니다. 겹단이 끝나면 다시 바탕 실로 홑단 4단을 뜨고 코막음해 마무리합니다.

FRONT (팬츠 앞판)

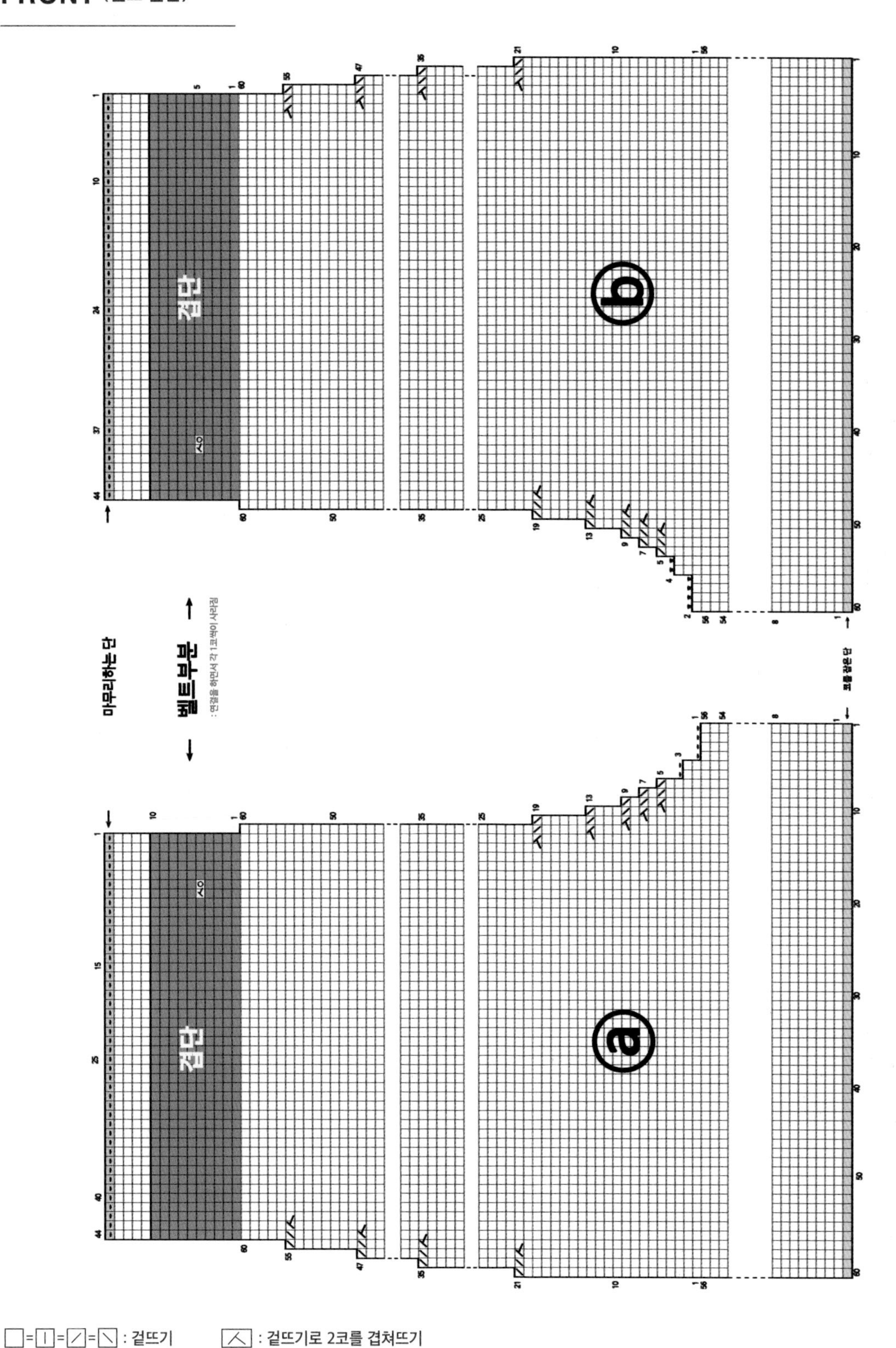

□=□=□=□ : 겉뜨기
□ : 안뜨기
□ : 코막음
□ : 겉뜨기로 2코를 겹쳐뜨기
□ : 겉뜨기로 1코를 빼서 1코를 뜬 후 씌워주기
□ : 바늘 비우기

BACK (팬츠 뒤판)

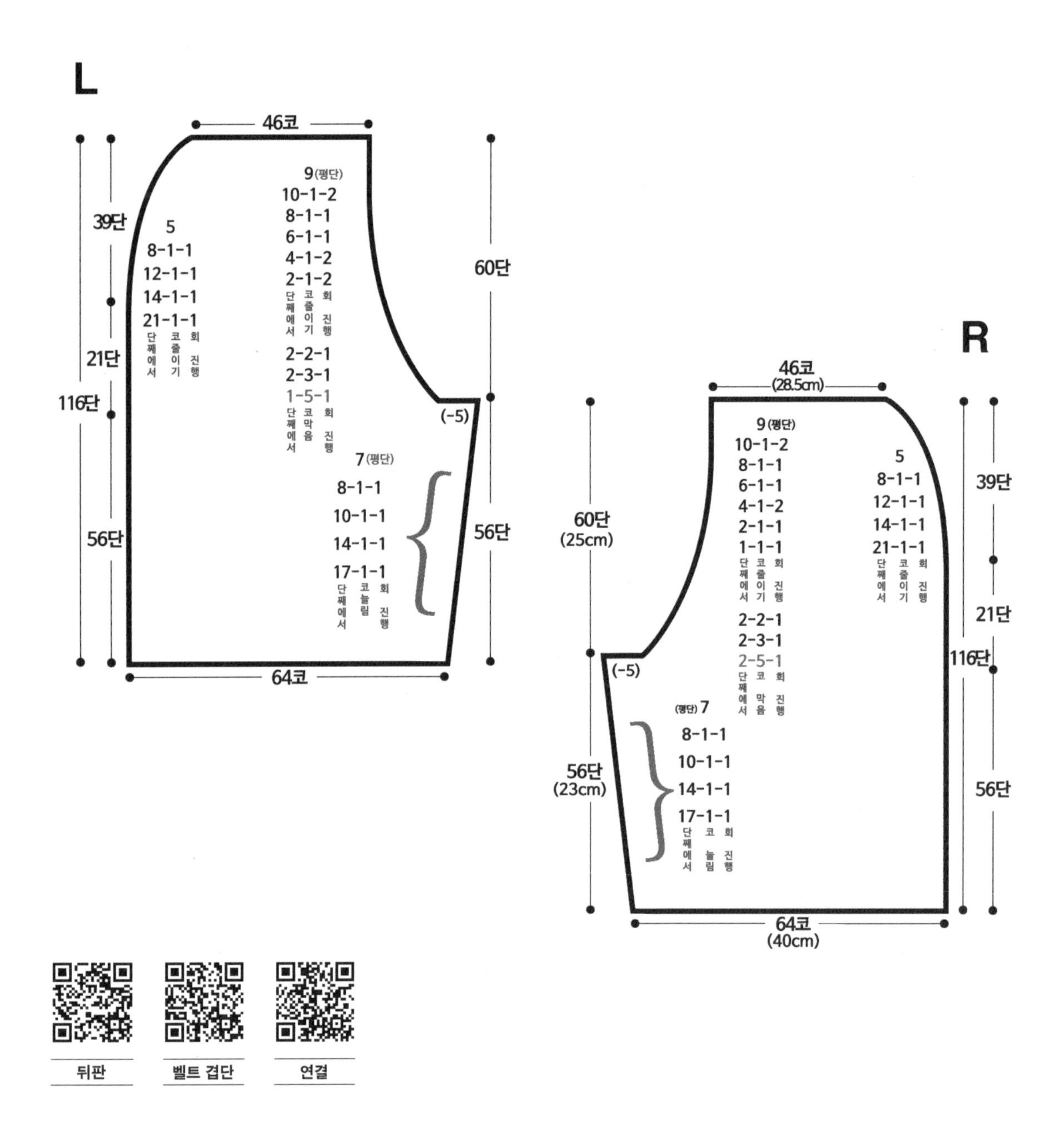

1. 5.0mm 대바늘로 64코를 잡습니다. 코를 잡은 단을 1단으로 카운팅해 메리야스뜨기로 16단을 뜹니다. 이후 도안을 따라 코 늘리기를 진행합니다.
2. 57단째부터 1단으로 카운팅을 다시 시작합니다. 왼쪽 뒤판은 1단에서 5코 코막음을, 오른쪽 뒤판은 안뜨기단인 2단에서 5코 코막음합니다. 이후 도안을 따라 코 줄이기를 진행합니다.
3. 60단까지 진행하면 힙 줄이기까지 끝납니다. 벨트 부분은 QR 영상을 참고해 배색 실로 겹단을 진행합니다. 겹단이 끝나면 홀단 4단을 뜨고 코막음해 마무리합니다.

BACK (팬츠 뒤판)

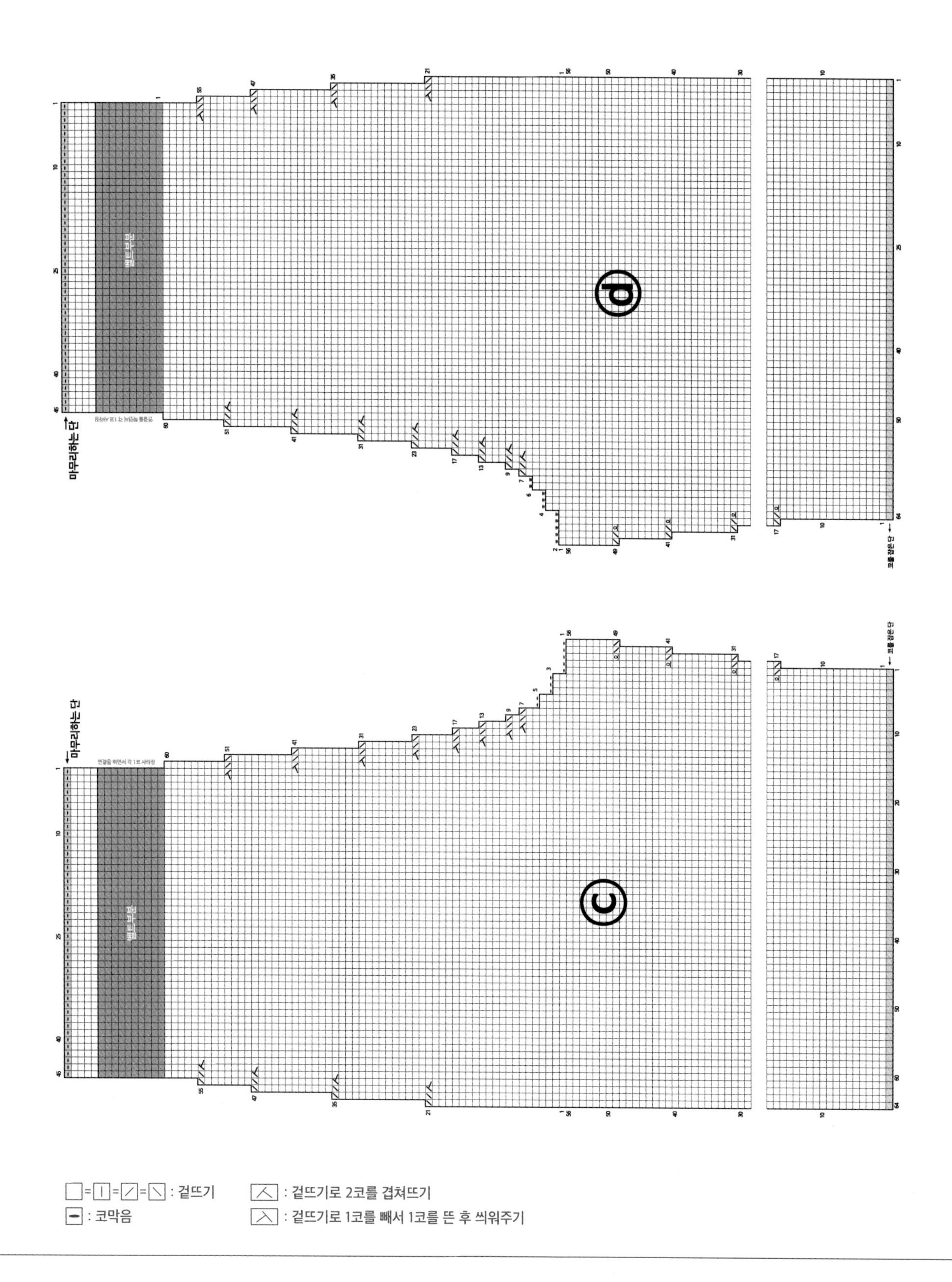

□=[|]=[/]=[\] : 겉뜨기
[−] : 코막음
[人] : 겉뜨기로 2코를 겹쳐뜨기
[入] : 겉뜨기로 1코를 빼서 1코를 뜬 후 씌워주기

레트로 애버딘 카디건

겨울정원 77 - (S-M)8볼 / 72 - (M-L)9볼

틴 실크 모헤어 4234 - (S-M)5볼 / 3021 - (M-L)6볼

대바늘 5.0mm, 고무단 - 대바늘 4.5mm, 4.0mm

(평단) 16코 × 25단 (패턴) 19코 × 25.5단

S-M : 가슴 50 / 총장 52 / 암홀 22 / 어깨 44 / 소매 58

M-L : 가슴 61 / 총장 57 / 암홀 24 / 어깨 46 / 소매 60(cm)

a. 2가지 실을 1겹씩 총 2겹을 합쳐 뜹니다.

b. 앞, 뒤판과 소매 모두 바텀업으로 진행합니다.

c. S-M과 M-L는 꽈배기 무늬 양옆 모스 스티치로 사이즈를 조절합니다.

✲ 제작 순서 ✲

뒤판 → 앞판 → 어깨 연결 → 옆선 꿰매기 → 칼라 → 앞단 → 소매 → 소매 꿰매기 → 소매, 몸판 연결

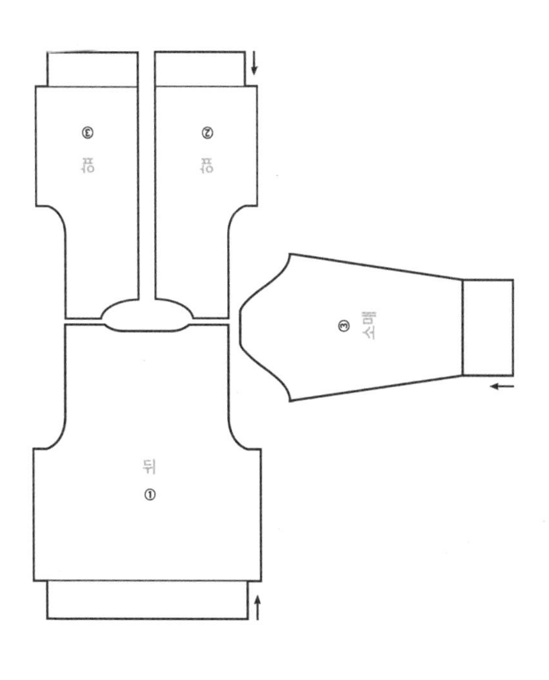

BACK (뒤판)

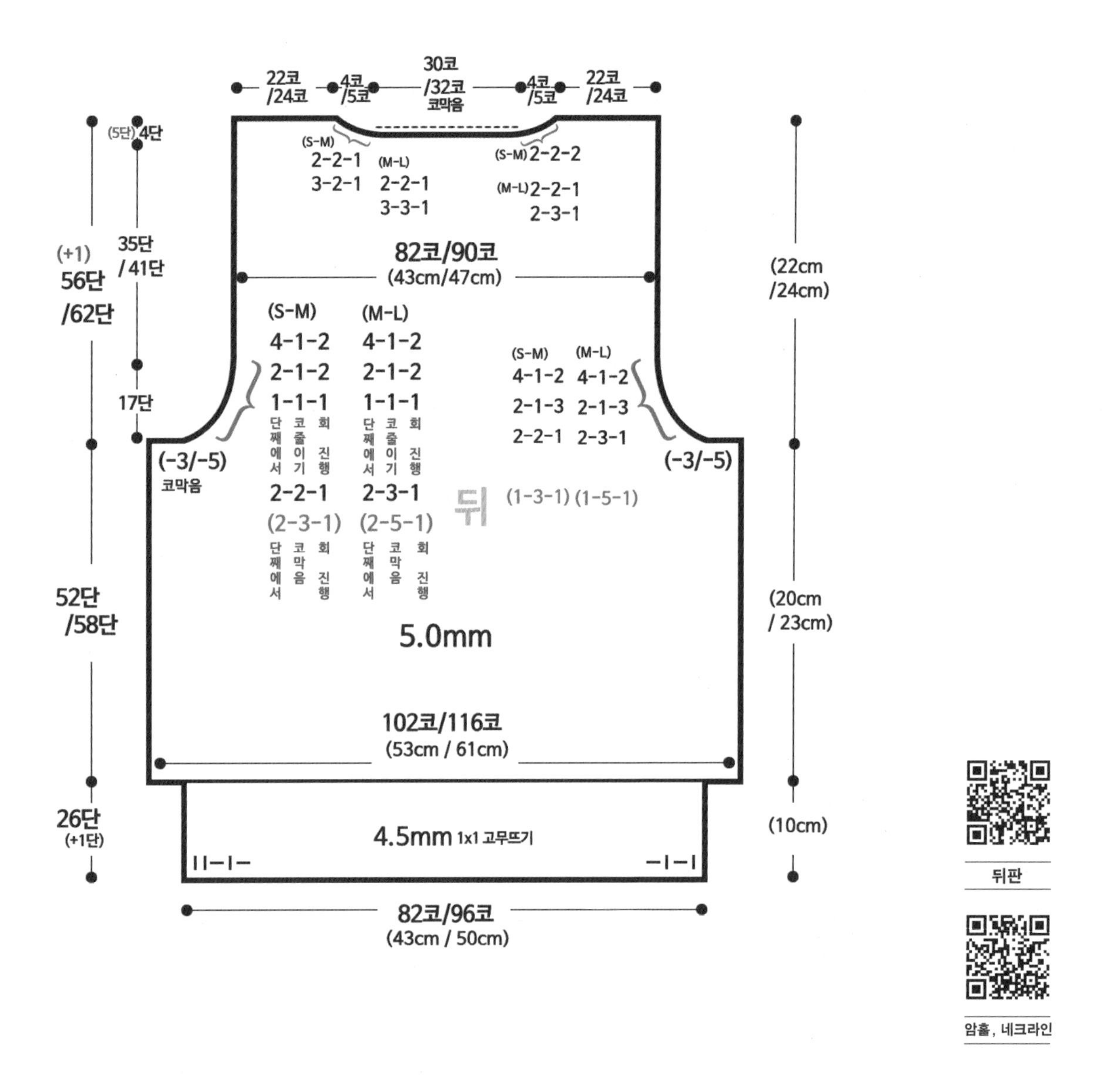

1. 실 2겹과 4.5mm 대바늘로 원하는 사이즈의 콧수만큼 잡고 고무단 26단을 뜹니다. 왼쪽 글씨는 S-M 사이즈, 오른쪽 글씨는 M-L 사이즈입니다. (이때, 사슬이나 밑실로 기초코를 만들면 1단이 더해져 27단이 됩니다.)
2. 5.0mm 바늘로 바꾸고 도안을 따라 진행합니다. 1단은 겉뜨기로 진행하며 코 늘리기를 합니다. 짝수단은 안면임으로 부호를 반대로 진행하고 홀수단은 도안을 따라 무늬를 진행하며 사이즈에 따라 52단 / 58단까지 뜹니다.
3. 암홀 코막음을 시작합니다. 여기부터 1단으로 다시 카운팅합니다.
4. 코막음 후 코 줄이기도 함께 진행합니다. 도안을 따라 패턴을 뜹니다.
5. 네크라인까지 뜬 후, 어깨는 별도의 마무리 없이 어깨핀에 꽂아두고 앞판을 진행합니다.

BACK (뒤판)

S-M size

꽈배기는 홀수단(겉면)에서 진행

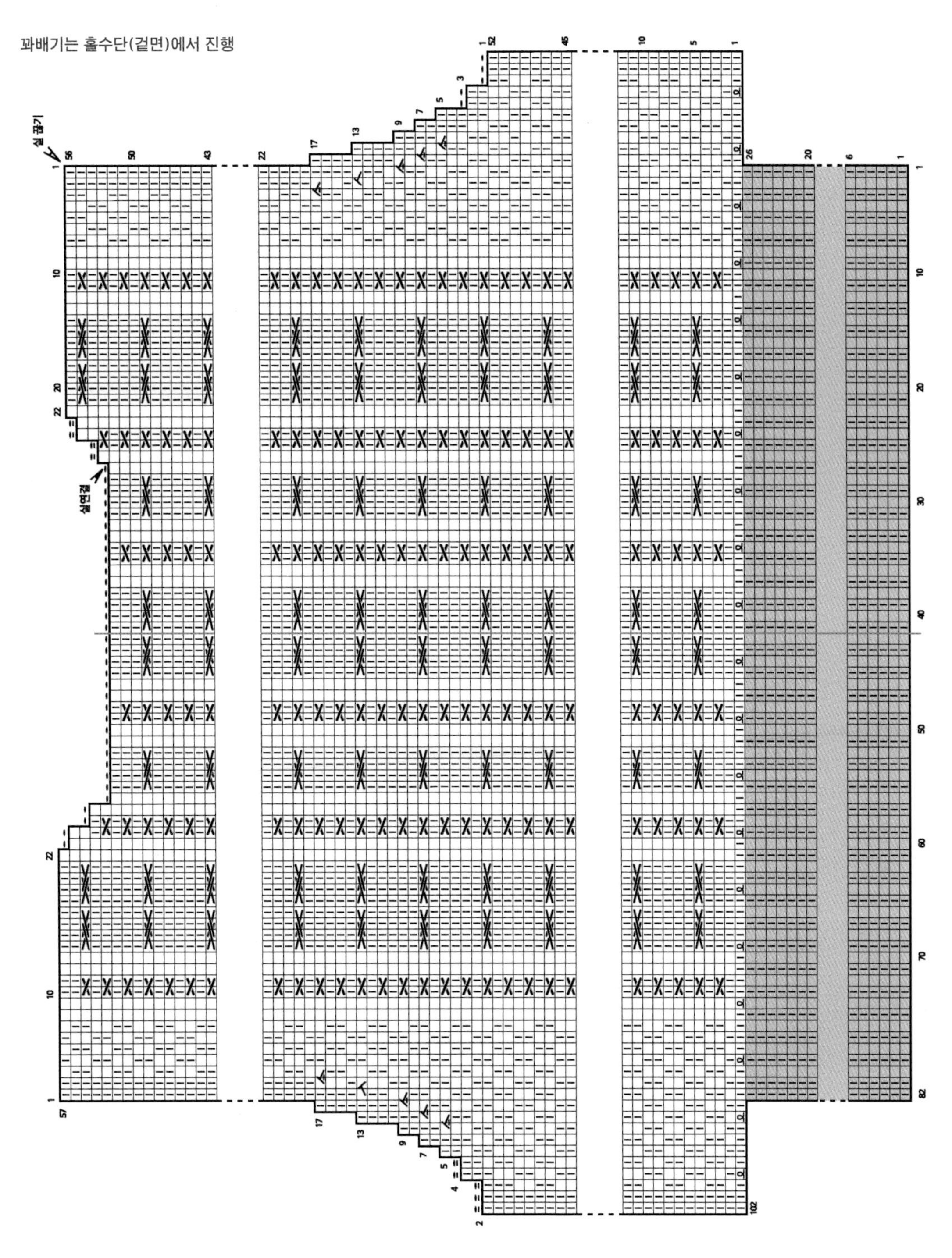

[ㅣ]=[/]=[\] : 겉뜨기

[ ]=[−] : 안뜨기

[▬] : 겉뜨기로 코막음

[=] : 안뜨기로 코막음

[ℓ] : 코늘리기

[⋏] : 겉뜨기로 2코를 겹쳐뜨기

[⋏] : 겉뜨기로 1코를 빼서 1코를 뜬 후 씌워주기

[X] : 왼쪽 위로 2코 꽈배기

[X] : 오른쪽 위로 2코 꽈배기

[X] : 왼쪽 위로 4코 꽈배기

[X] : 오른쪽 위로 4코 꽈배기

BACK (뒤판)

M-L size

꽈배기는 홀수단(겉면)에서 진행

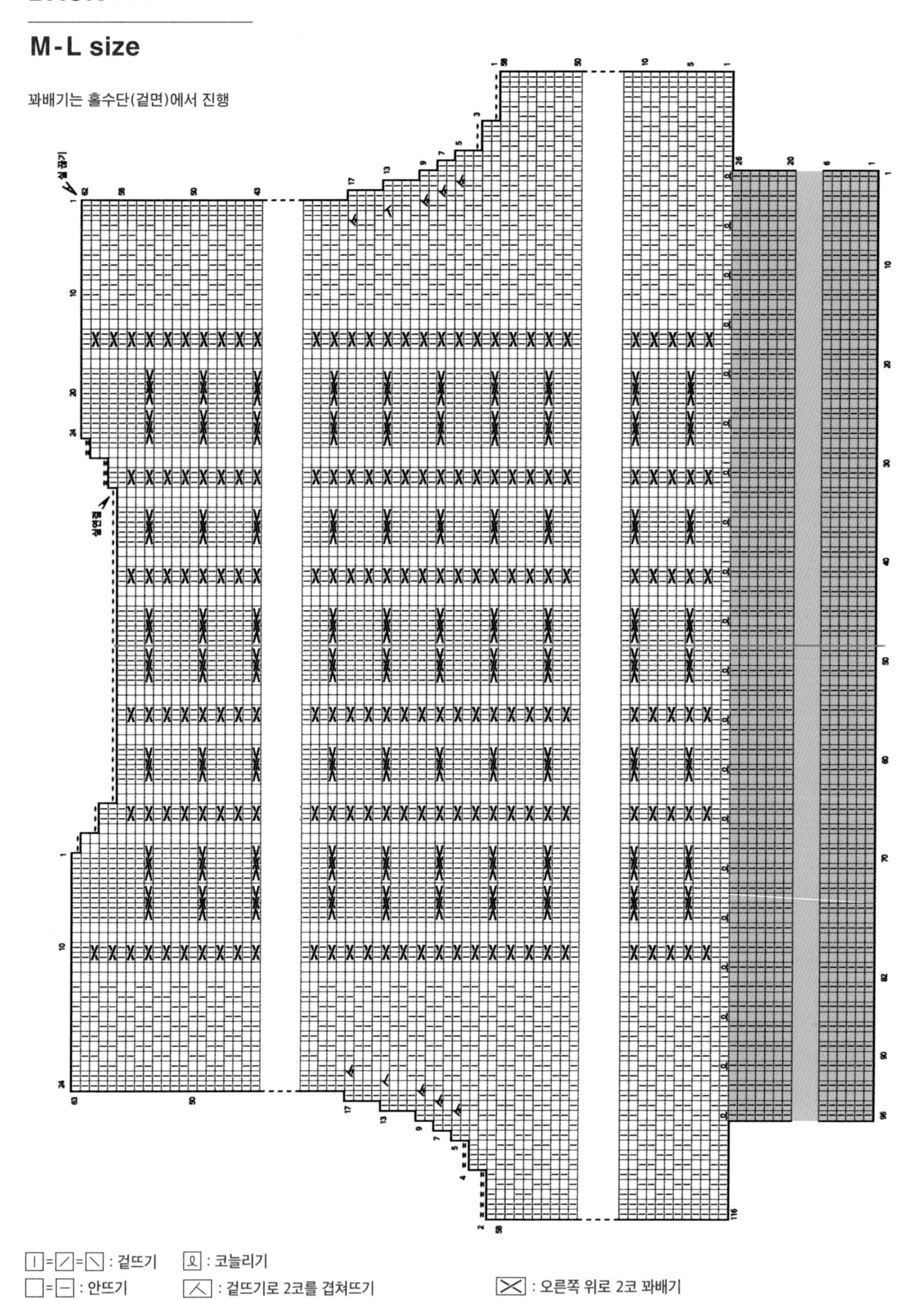

⎕=⎕=⎕ : 겉뜨기	⎕ : 코늘리기
⎕=⎕ : 안뜨기	⎕ : 겉뜨기로 2코를 겹쳐뜨기
⎕ : 겉뜨기로 코막음	⎕ : 겉뜨기로 1코를 빼서 1코를 뜬 후 씌워주기
⎕ : 안뜨기로 코막음	⎕ : 왼쪽 위로 2코 꽈배기
⎕ : 오른쪽 위로 2코 꽈배기	⎕ : 왼쪽 위로 4코 꽈배기
⎕ : 오른쪽 위로 4코 꽈배기	

FRONT (앞판)

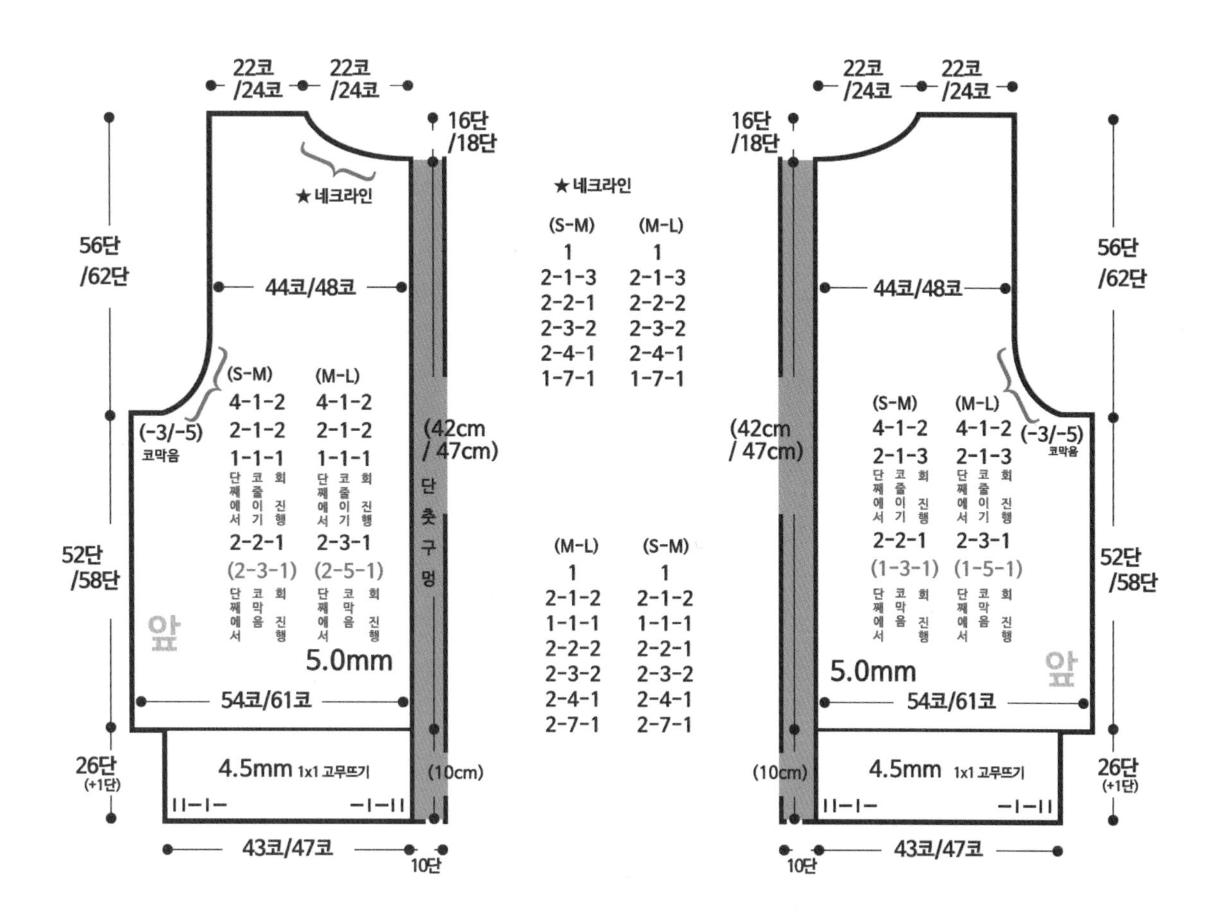

앞판

1. 실 2겹과 4.5mm 대바늘로 원하는 사이즈의 콧수만큼 잡고 고무단 26단을 뜹니다. 왼쪽 글씨는 S-M 사이즈, 오른쪽 글씨는 M-L 사이즈입니다. (이때, 사슬이나 밑실로 기초코를 만들면 1단이 더해져 27단이 됩니다.)
2. 5.0mm 바늘로 바꾸고 도안을 따라 진행합니다. 1단은 겉뜨기로 진행하며 코 늘리기를 합니다. 짝수단은 안면임으로 부호를 반대로 진행하고 홀수단은 도안을 따라 무늬를 진행하며 사이즈에 따라 52단 / 58단까지 뜹니다.
3. 암홀 코막음을 시작합니다. 여기부터 1단으로 다시 카운팅합니다. 암홀이 되는 쪽과 앞단이 되는 쪽을 구분해서 진행합니다.
4. 코막음 후 코 줄이기도 함께 진행합니다. 도안을 따라 패턴을 뜹니다. 네크라인은 뒤판과 다르게 사이즈에 따라 16단 / 18단 소요되니 주의하며 진행합니다.
5. 네크라인까지 뜬 후, 어깨를 뒤판과 연결합니다.

FRONT (앞판)

S-M size

꽈배기는 홀수단(겉면)에서 진행

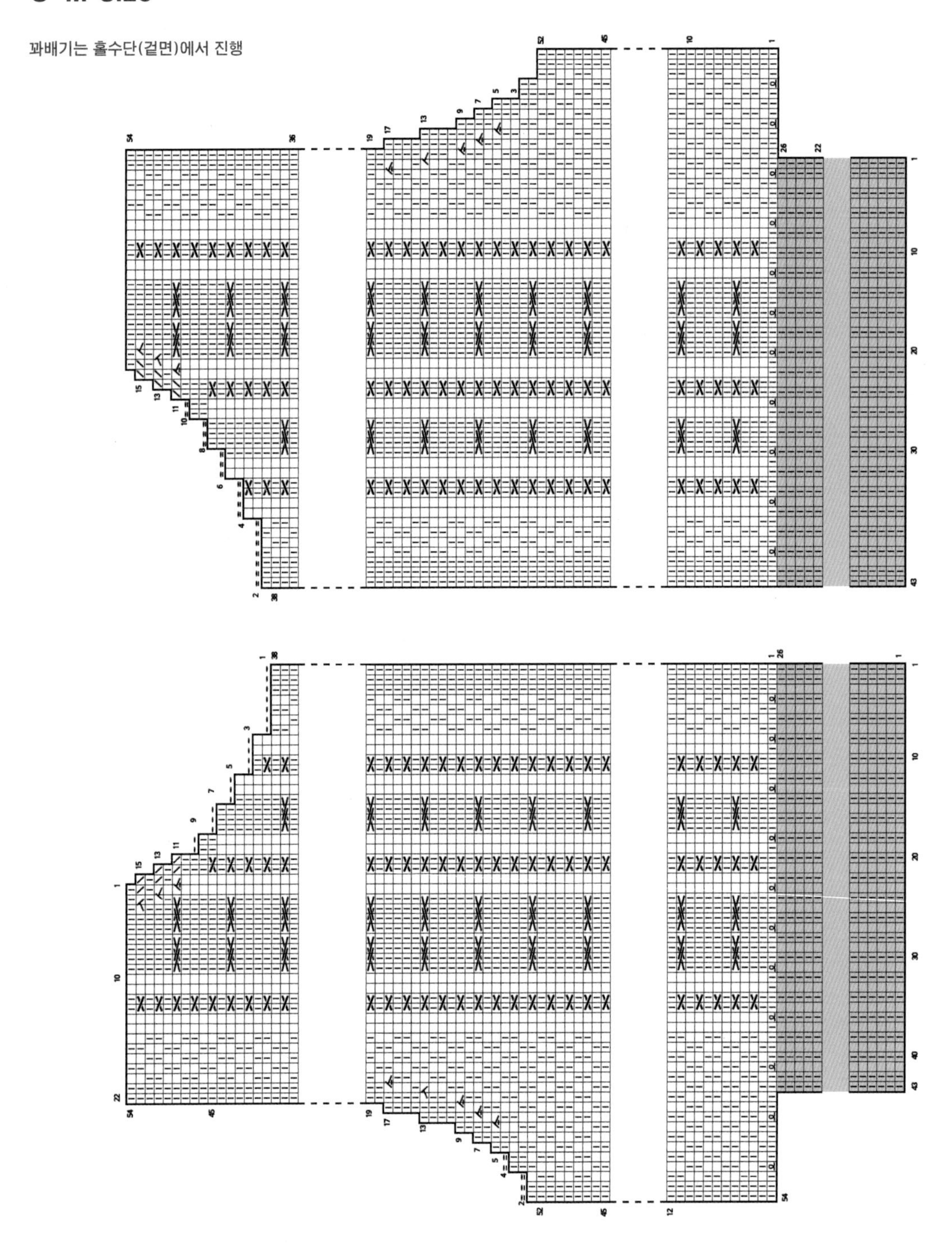

〔ㅣ〕=〔／〕=〔＼〕	겉뜨기
〔 〕=〔－〕	안뜨기
〔▬〕	겉뜨기로 코막음
〔⚌〕	안뜨기로 코막음
〔ℓ〕	코늘리기
〔ㅅ〕	겉뜨기로 2코를 겹쳐뜨기
〔ㅅ〕	겉뜨기로 1코를 빼서 1코를 뜬 후 씌워주기
〔X〕	왼쪽 위로 2코 꽈배기
〔X〕	오른쪽 위로 2코 꽈배기
〔X〕	왼쪽 위로 4코 꽈배기
〔X〕	오른쪽 위로 4코 꽈배기

FRONT (앞판)

M-L size

꽈배기는 홀수단(겉면)에서 진행

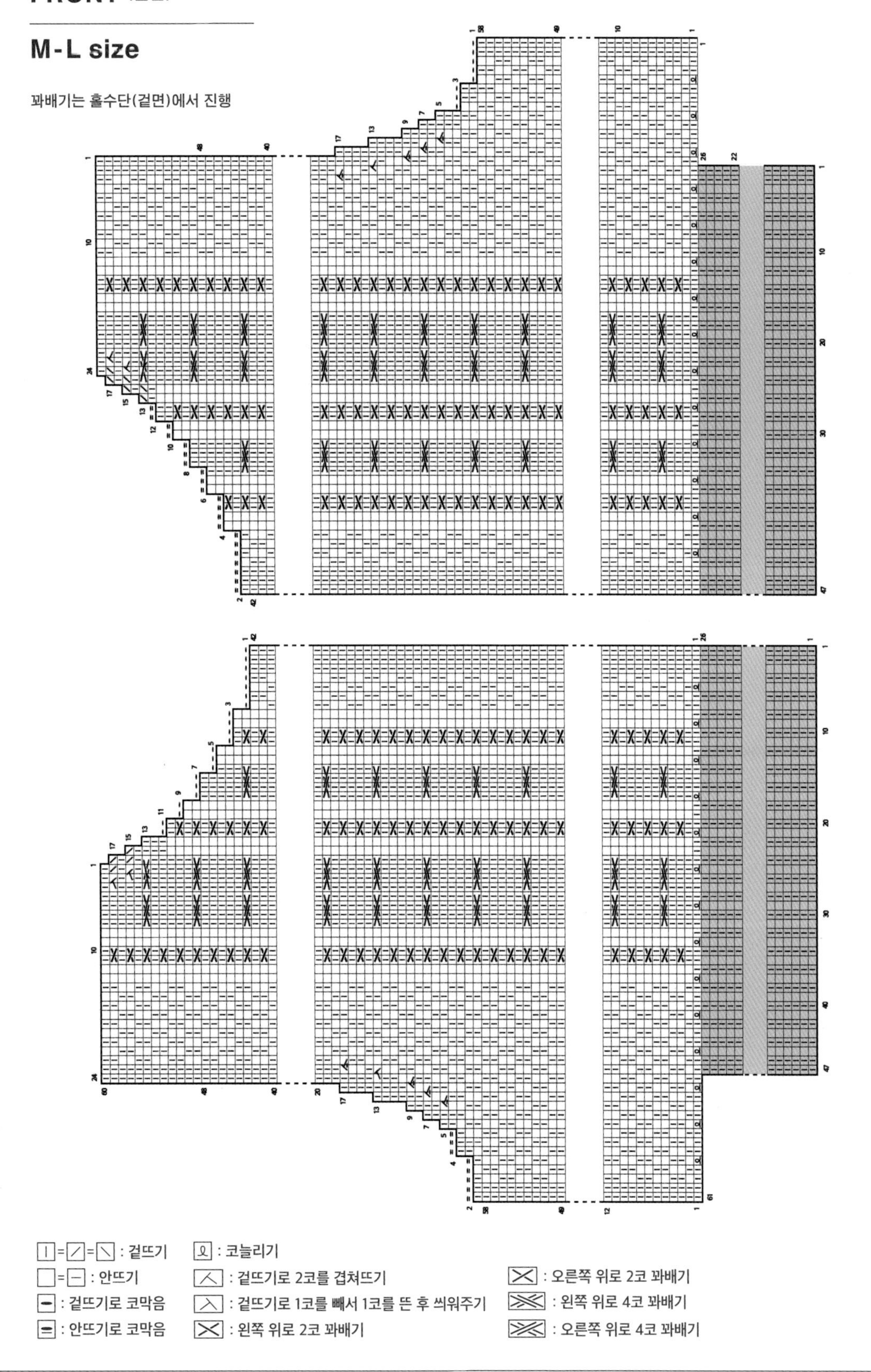

- ▯=▱=▱ : 겉뜨기
- ▯=⊟ : 안뜨기
- ▬ : 겉뜨기로 코막음
- ▬ : 안뜨기로 코막음
- ℓ : 코늘리기
- ⋏ : 겉뜨기로 2코를 겹쳐뜨기
- ⋏ : 겉뜨기로 1코를 빼서 1코를 뜬 후 씌워주기
- ⤫ : 왼쪽 위로 2코 꽈배기
- ⤫ : 오른쪽 위로 2코 꽈배기
- ⤫ : 왼쪽 위로 4코 꽈배기
- ⤫ : 오른쪽 위로 4코 꽈배기

COLLAR (칼라)

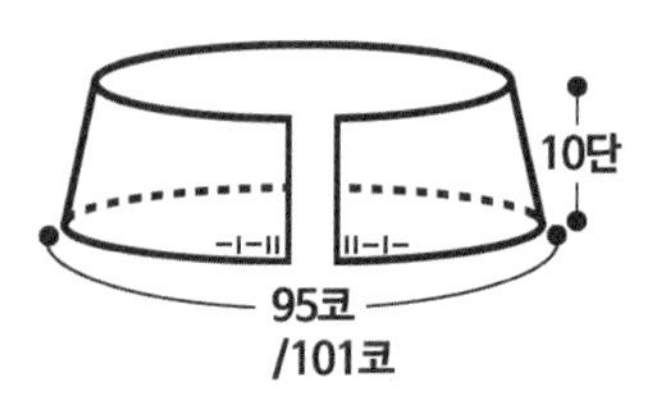

1. 칼라는 앞, 뒤판의 어깨 연결 후 진행합니다.
2. 4.5mm 대바늘로 사이즈에 따라 95코 / 101코를 잡아서 1 × 1 고무뜨기를 진행합니다. 이때 양쪽 끝은 겉뜨기 2코로 뜹니다.
3. 10단까지 뜨고 돗바늘로 마무리합니다. 취향에 따라 단수를 조절해도 좋습니다.

FRONT HEM (앞단)

1. 칼라를 끝낸 후, 4.5mm 바늘로 5코를 잡고 1코를 건너뛰기를 반복합니다.
2. 코를 잡은 단을 1단으로 카운팅해 도안을 따라 뜹니다. 이때 첫 코는 걸러뜨기를 합니다.
3. 5단에서 단춧구멍을 내고 5단을 더 뜬 후, 고무단 마무리를 합니다.

연결, 앞단

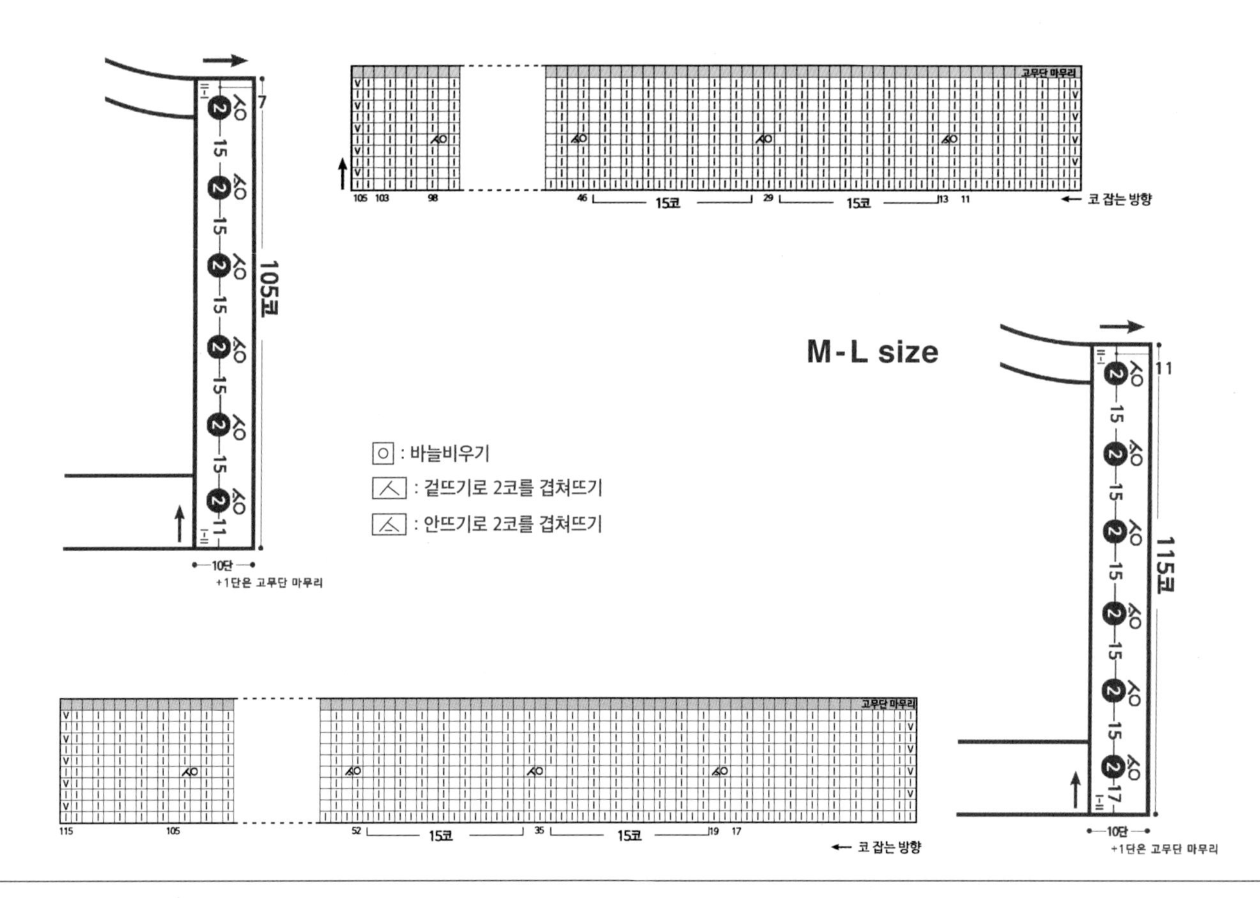

SLEEVE (소매)

S-M size　　　　M-L size

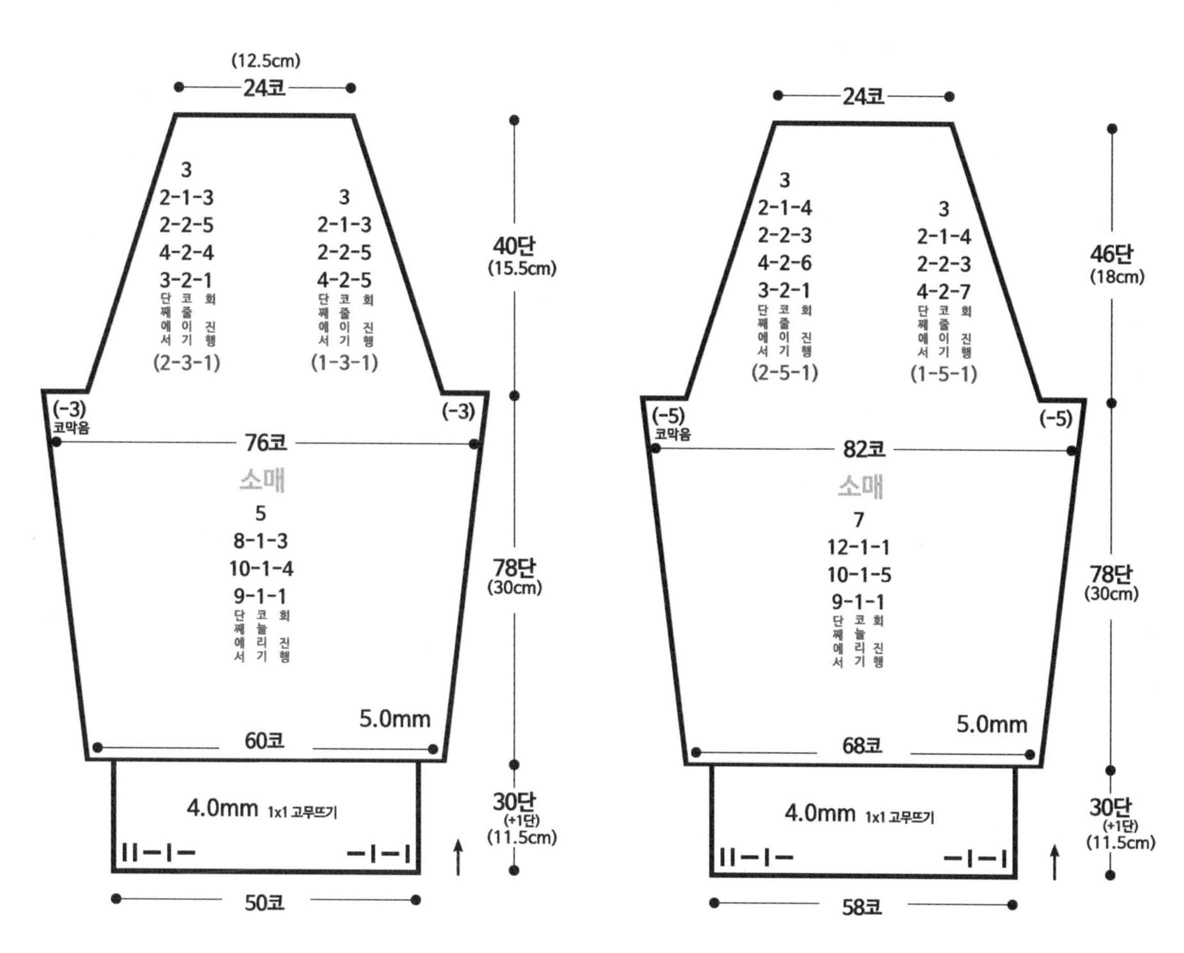

소매

1. 실 2겹과 4.0mm 대바늘로 원하는 사이즈의 콧수만큼 잡고 고무단 30단을 뜹니다. (이때, 사슬이나 밑실로 기초코를 만들면 1단이 더해져 31단이 됩니다.)

2. 5.0mm 바늘로 바꾸고 도안을 따라 10코를 늘립니다.

3. 코 늘림단을 1단으로 다시 카운팅을 시작합니다. 도안을 따라 1코 늘리기를 하며 78단까지 진행합니다.

4. 코막음을 시작합니다. 여기부터 1단으로 다시 카운팅합니다. 1단에서 S-M은 양옆 3코 코막음, M-L는 양옆 5코 코막음합니다.

5. 도안을 따라 양옆 2코 줄이기 및 1코 줄이기를 진행하고 마지막 단 24코를 코막음해 마무리합니다. 몸판에 연결하고 옆선을 꿰맵니다.

SLEEVE (소매)

S-M size

꽈배기는 홀수단(겉면)에서 진행

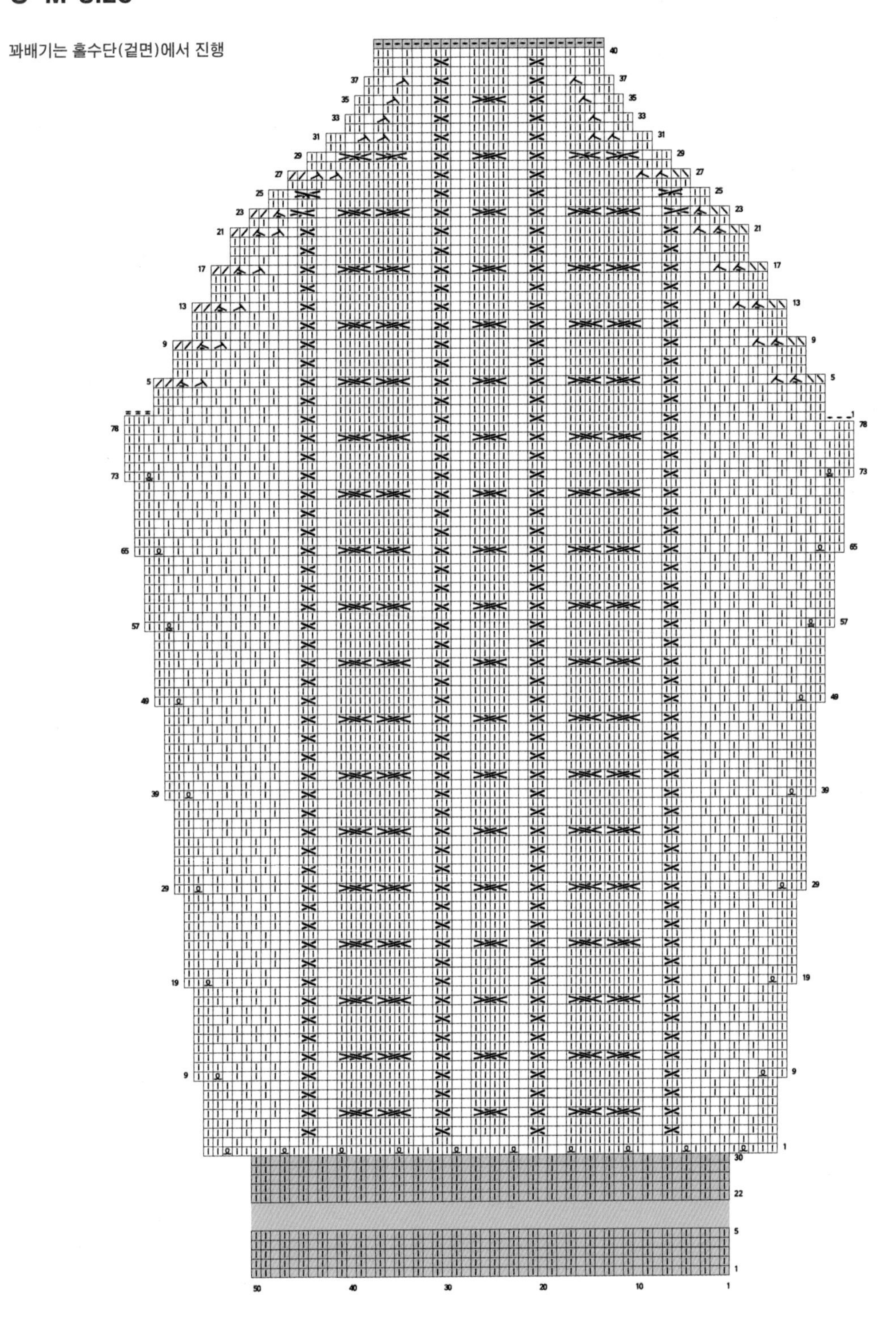

SLEEVE (소매)

M-L size

꽈배기는 홀수단(겉면)에서 진행

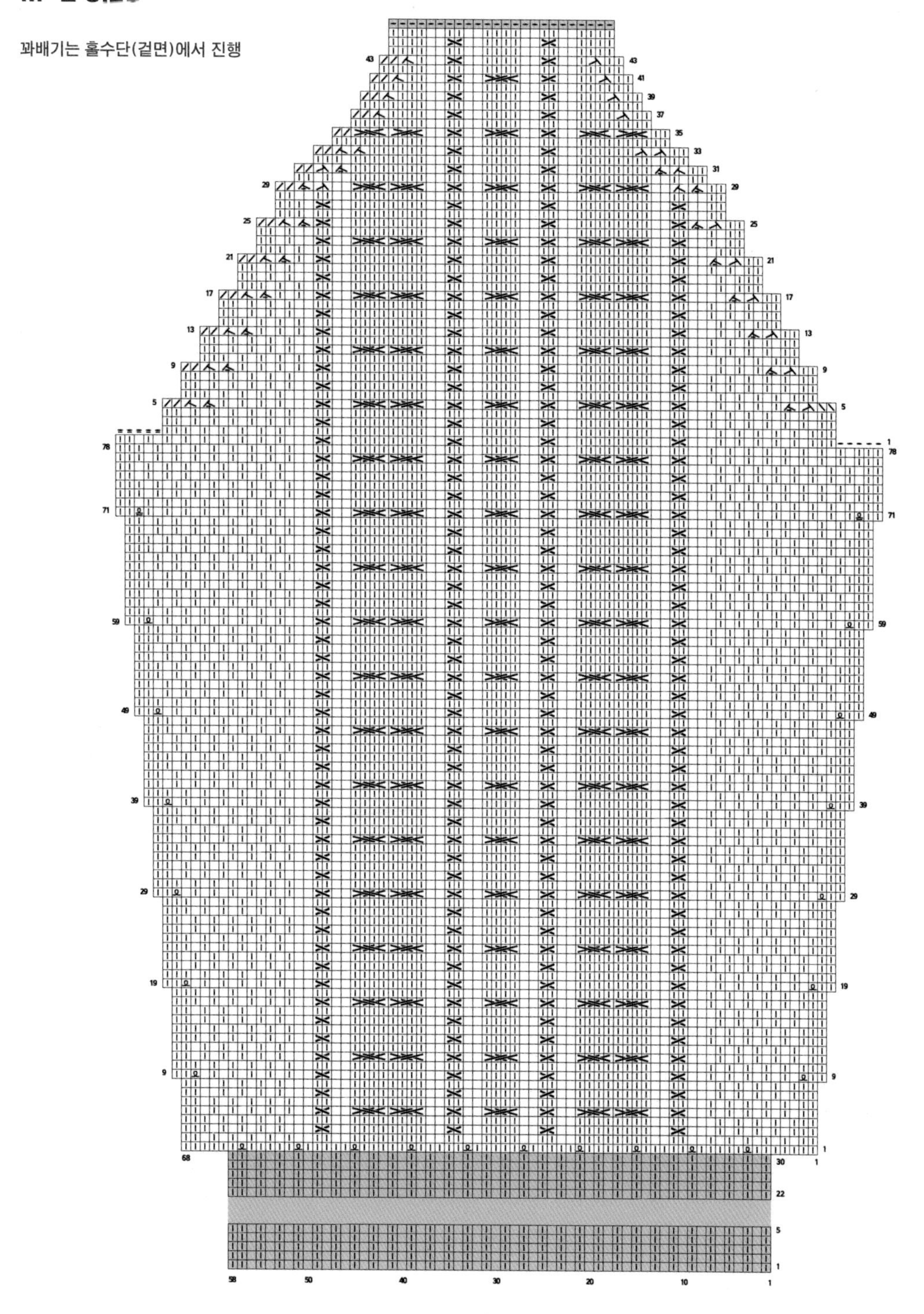

⎕=⧄=⧅	겉뜨기
□=⊟	안뜨기
▬	겉뜨기로 코막음
⊟	안뜨기로 코막음
Ձ	안뜨기로 코 늘리기
Ձ	겉뜨기로 코 늘리기
人	겉뜨기로 2코를 겹쳐뜨기
入	겉뜨기로 1코를 빼서 1코를 뜬 후 씌워주기
人	안뜨기로 2코를 겹쳐뜨기
⋈	왼쪽 위로 2코 꽈배기
⋈	오른쪽 위로 2코 꽈배기
⋈	왼쪽 위로 4코 꽈배기
⋈	오른쪽 위로 4코 꽈배기

오슬로 원피스

 트위드 에코 37 - (S-M)22볼 / (M-L)25볼

대바늘 5.0mm, 고무단 - 대바늘 4.5mm, 칼라 - 대바늘 4.0mm, 모사 코바늘 6호

 (평단)19코 × 26단 , (패턴) 20코 × 28단

 S-M : 가슴 55 / 어깨 47 / 소매 41 / 암홀 21 / 총장 120(cm)

M-L : 가슴 60 / 어깨 52 / 소매 43.5 / 암홀 24 / 총장 122(cm)

a. 트위드 에코 실은 염색 공정으로 인해 컬러마다 굵기 차이가 있을 수 있습니다.

b. 밑단부터 암홀까지의 길이는 키에 맞춰 조정하며 뜹니다.

c. 실 굵기가 일정하지 않아 게이지 내기 까다로울 수 있습니다.

✲ 제작 순서 ✲

뒷판ⓐ → 뒷판ⓑ → 뒷판ⓐ+ⓑ=ⓒ → 앞판→ 어깨 연결 → 소매 → 소매, 몸판 옆선 연결 → 칼라

BACK (뒤판)

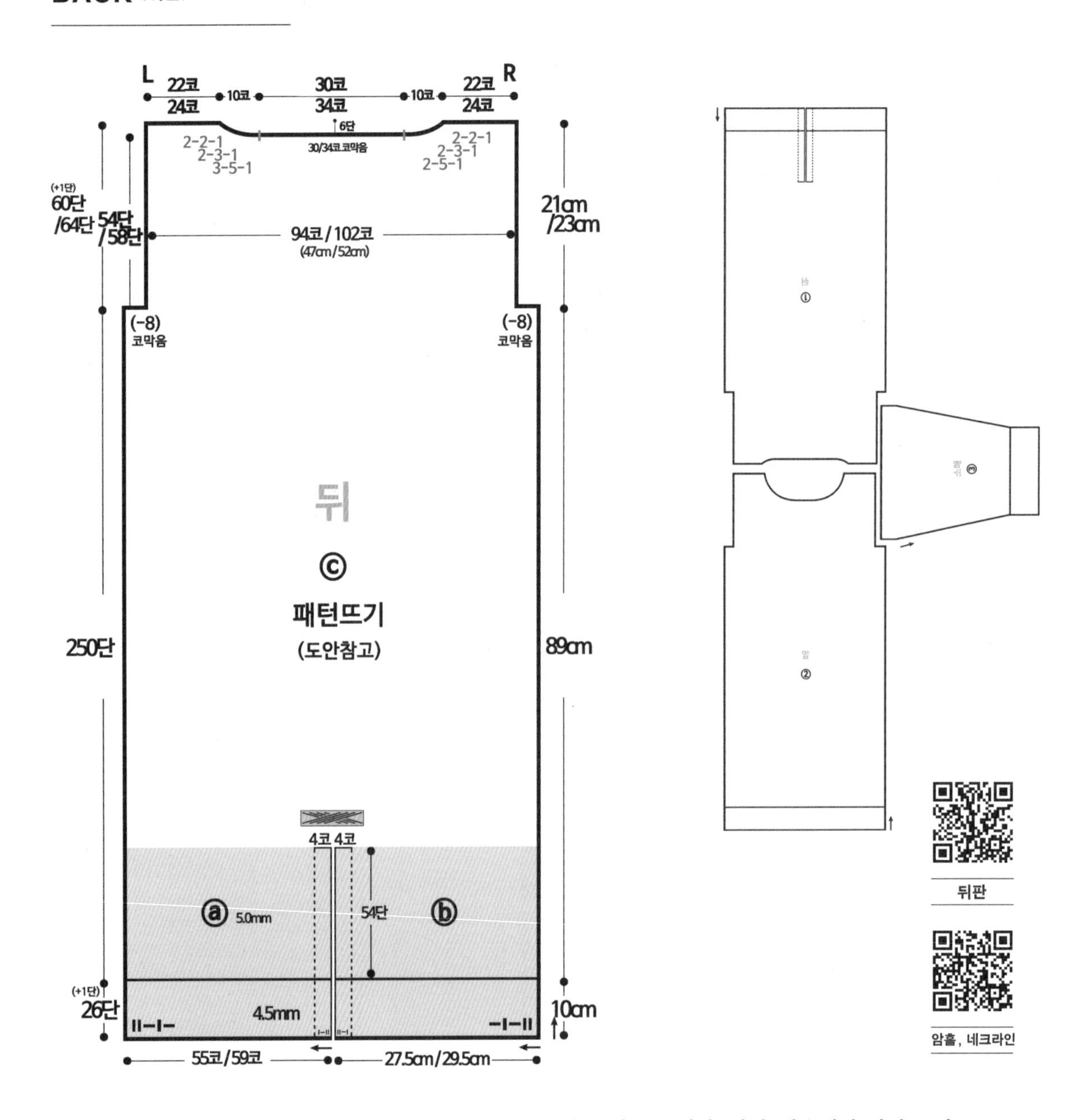

1. 4.5mm 대바늘로 원하는 사이즈의 콧수만큼 잡고 고무단 26단을 뜹니다. 이때, 사슬이나 밑실로 기초코를 만들면 1단이 더해져 27단이 됩니다. ⓐ의 경우, 홀수단에서 첫 코를 거르고 ⓑ의 경우, 짝수단에서 첫 코를 거릅니다.
2. 5.0mm 바늘로 바꾸고 도안을 따라 54단까지 뜹니다. ⓐ는 홀수단에서, ⓑ는 짝수단에서 첫 코를 거릅니다.
3. 55단에서 ⓐ와 ⓑ를 합칩니다. ⓑ를 뜨다가 ⓑ의 마지막 4코를 장갑바늘에 넣어줍니다. ⓐ의 4코를 먼저 뜨고 ⓑ의 마지막 4코를 뜨고 ⓐ의 나머지 코를 진행합니다. 암홀 코막음 전까지 도안을 따라 뜹니다.
4. 겉뜨기단에서 8코 코막음하고 다음 단에서 안뜨기로 8코 코막음합니다.
5. 오른쪽 암홀 코막음부터 54단까지 뜬 후, 오른쪽 어깨 → 네크라인 30코 코막음 → 왼쪽 어깨순으로 진행합니다.

BACK (뒤판)

S-M size

꽈배기는 홀수단(겉면)에서 진행

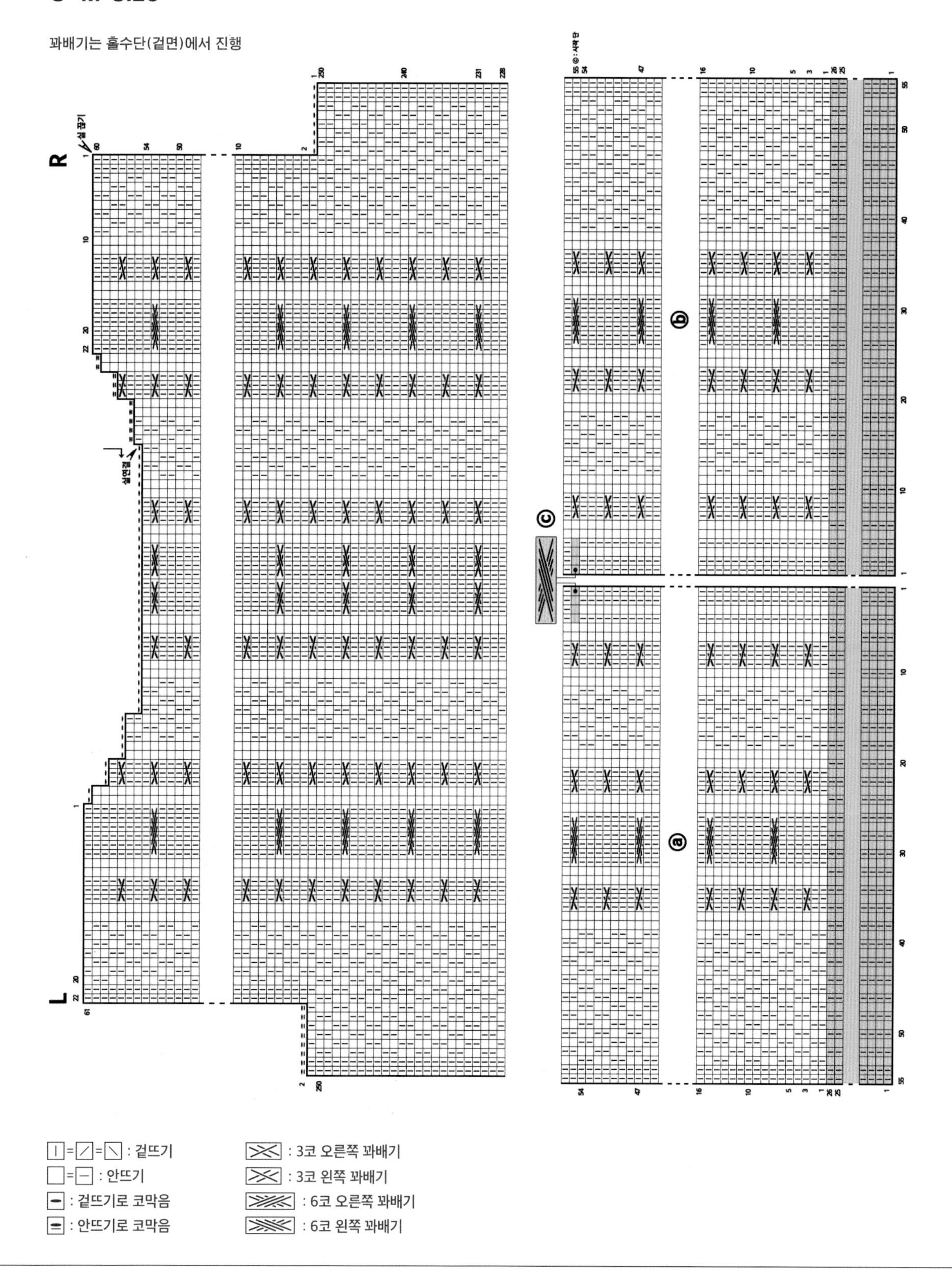

기호	설명
▯=▯=▯	겉뜨기
□=□	안뜨기
▬	겉뜨기로 코막음
▬	안뜨기로 코막음
▭	3코 오른쪽 꽈배기
▭	3코 왼쪽 꽈배기
▭	6코 오른쪽 꽈배기
▭	6코 왼쪽 꽈배기

BACK (뒤판)

M-L size

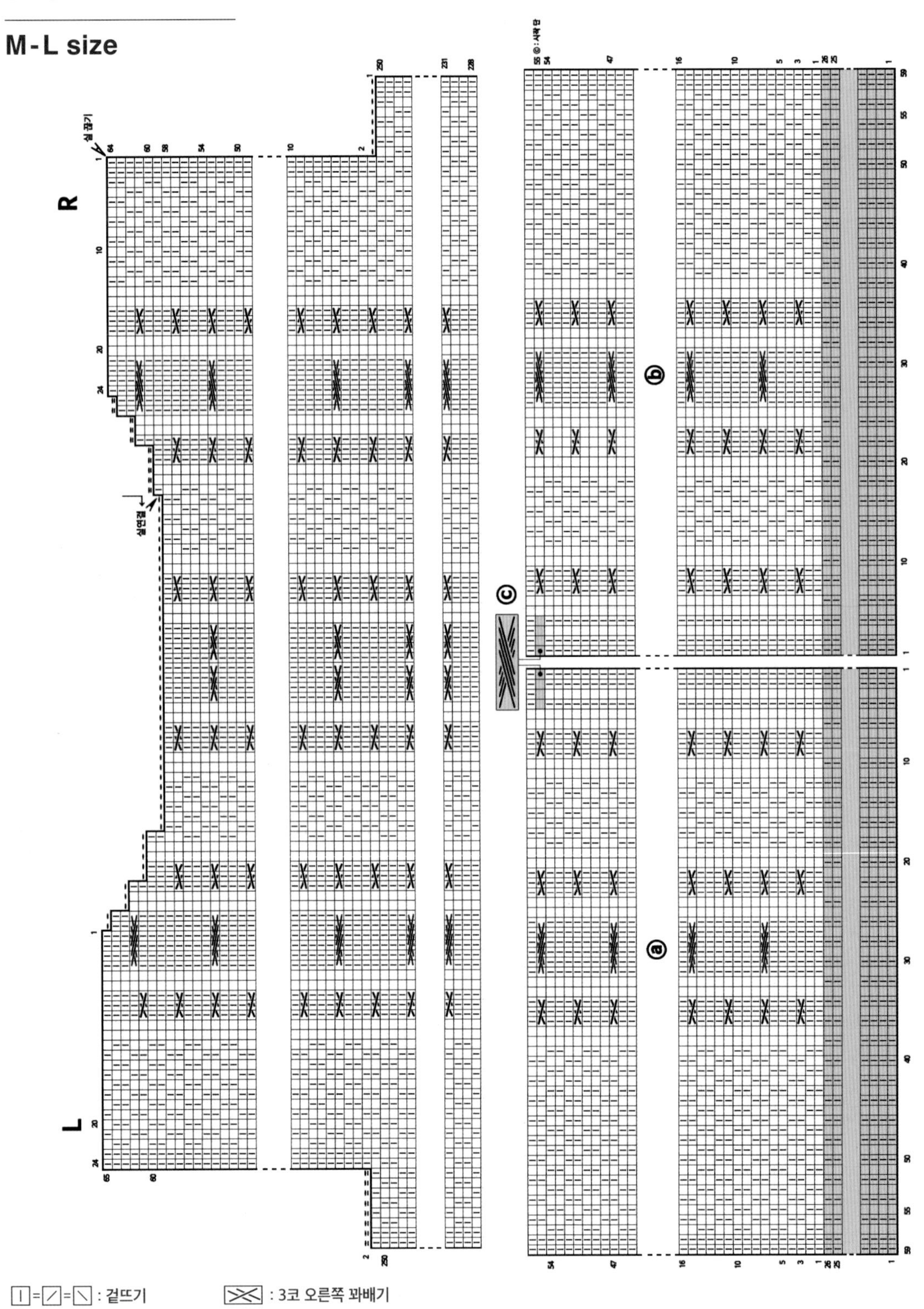

- = = : 겉뜨기
- = : 안뜨기
- : 겉뜨기로 코막음
- : 안뜨기로 코막음
- : 3코 오른쪽 꽈배기
- : 3코 왼쪽 꽈배기
- : 6코 오른쪽 꽈배기
- : 6코 왼쪽 꽈배기

FRONT (앞판)

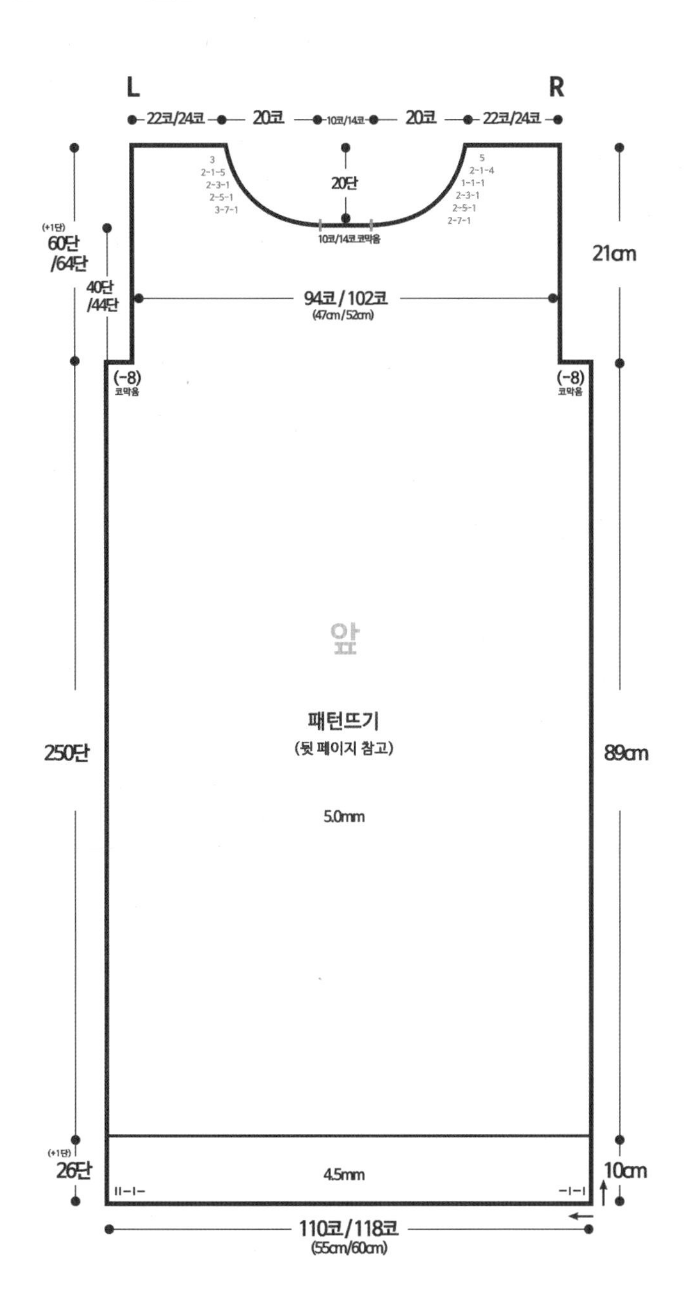

앞판

네크라인

1. 4.5mm 대바늘로 원하는 사이즈의 콧수만큼 고무코를 만들고 26단을 뜹니다.
(이때, 사슬이나 밑실로 기초코를 만들면 1단이 더해져 27단이 됩니다.)
2. 5.0mm 바늘로 바꾸고 도안을 따라 뒤판 길이만큼 뜹니다.
3. 뒤판의 4와 동일하게 진행합니다.
4. 오른쪽 암홀 코막음부터 원하는 사이즈의 단만큼 뜬 후, 오른쪽 어깨 → 네크라인 코막음 → 왼쪽 어깨순으로 진행합니다.

FRONT (앞판)

S-M size

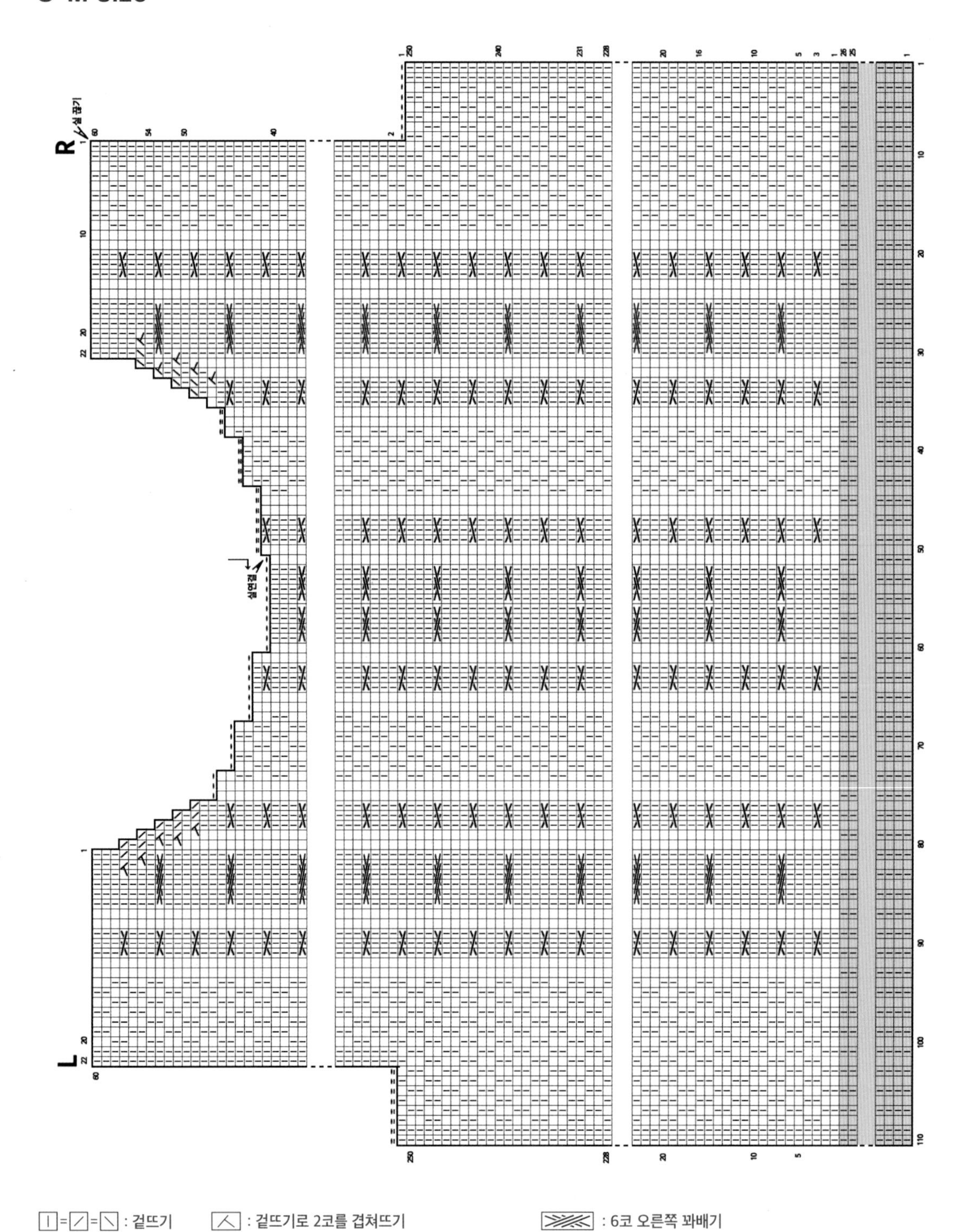

- | = / = \ : 겉뜨기
- □ = – : 안뜨기
- ▬ : 겉뜨기로 코막음
- ═ : 안뜨기로 코막음
- 人 : 겉뜨기로 2코를 겹쳐뜨기
- 入 : 겉뜨기로 1코를 빼서 1코를 뜬 후 씌워주기
- ✕ : 3코 오른쪽 꽈배기
- ✕ : 3코 왼쪽 꽈배기
- ✕ : 6코 오른쪽 꽈배기
- ✕ : 6코 왼쪽 꽈배기

FRONT (앞판)

M-L size

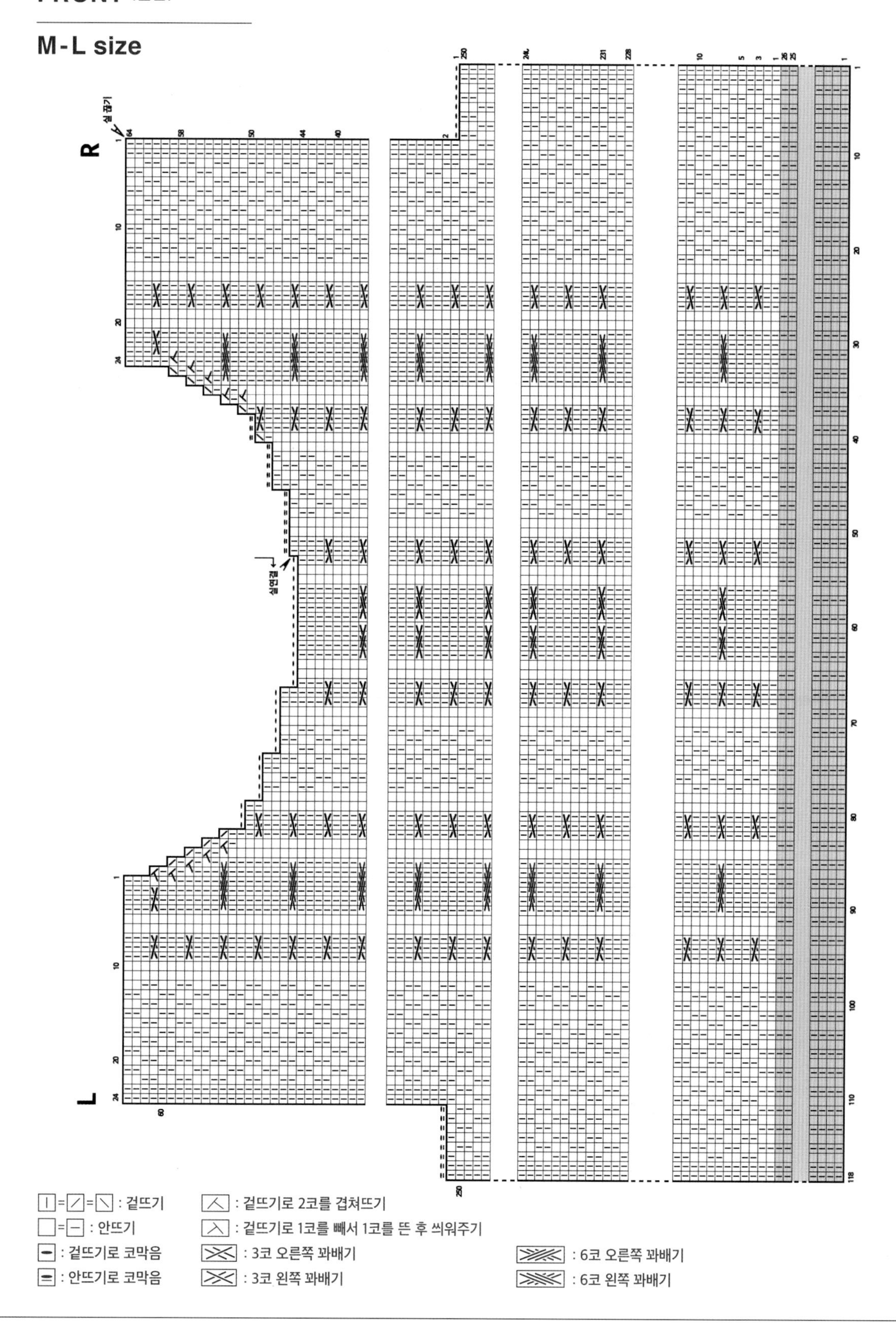

⎕=⎕=⎕ : 겉뜨기
⎕=⎕ : 안뜨기
⎕ : 겉뜨기로 코막음
⎕ : 안뜨기로 코막음
⎕ : 겉뜨기로 2코를 겹쳐뜨기
⎕ : 겉뜨기로 1코를 빼서 1코를 뜬 후 씌워주기
⎕ : 3코 오른쪽 꽈배기
⎕ : 3코 왼쪽 꽈배기
⎕ : 6코 오른쪽 꽈배기
⎕ : 6코 왼쪽 꽈배기

SLEEVE (소매)

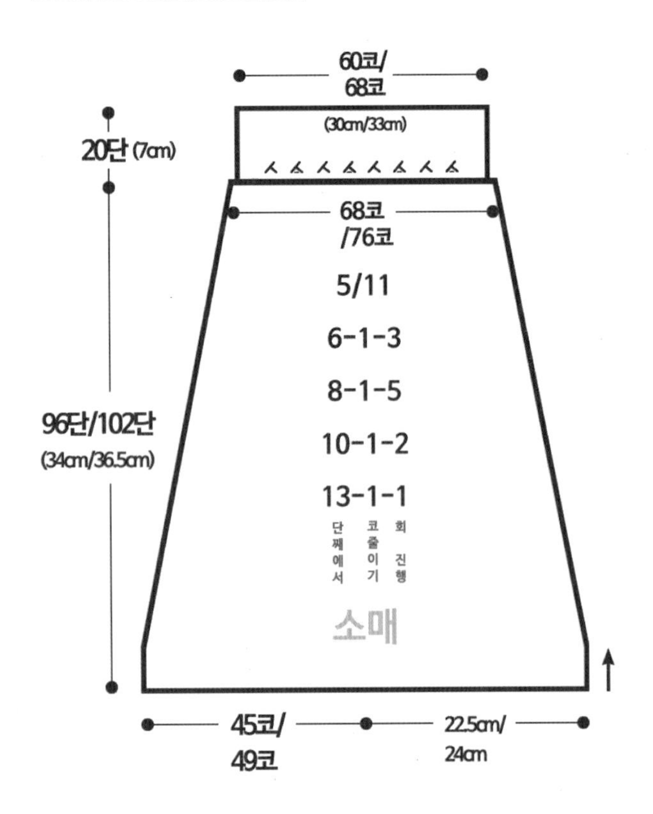

1. 앞, 뒤판의 어깨를 연결한 후, 어깨 중심이나 암홀에서부터 5.0mm 대바늘로 코를 잡습니다. 3코를 잡고 1코 건너뛰기를 반복합니다.
2. 코를 잡은 단을 1단으로 카운팅해 12단까지 패턴에 맞춰 뜹니다. 13단에서 양옆 1코 줄이기를 진행합니다. 이후 매 10단마다 양옆 1코 줄이기를 2회 반복합니다. 다음 매 8단마다 양옆 1코 줄이기를 5회 반복합니다. 이후 매 6단마다 양옆 1코 줄이기를 3회 반복하고 이후 도안을 따라 진행합니다.
3. 4.5mm 바늘로 바꾸고 1 × 1 고무단을 시작하면서 8코를 줄입니다.
4. 고무단 20단을 뜨고 돗바늘로 마무리합니다.

COLLAR (칼라)

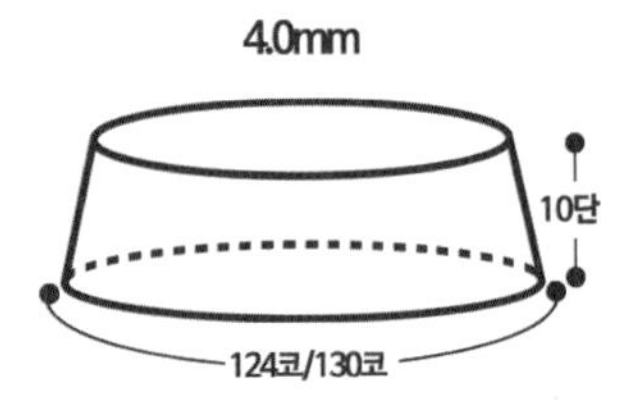

1. 모사 코바늘 6호로 전체 빼뜨기를 한 후, 4.0mm 대바늘로 원하는 사이즈의 콧수만큼 잡습니다.
2. 1 × 1 고무뜨기로 10단까지 뜨고 돗바늘로 마무리합니다. 취향에 따라 단수를 조절해도 좋습니다.

SLEEVE (소매)

S-M size

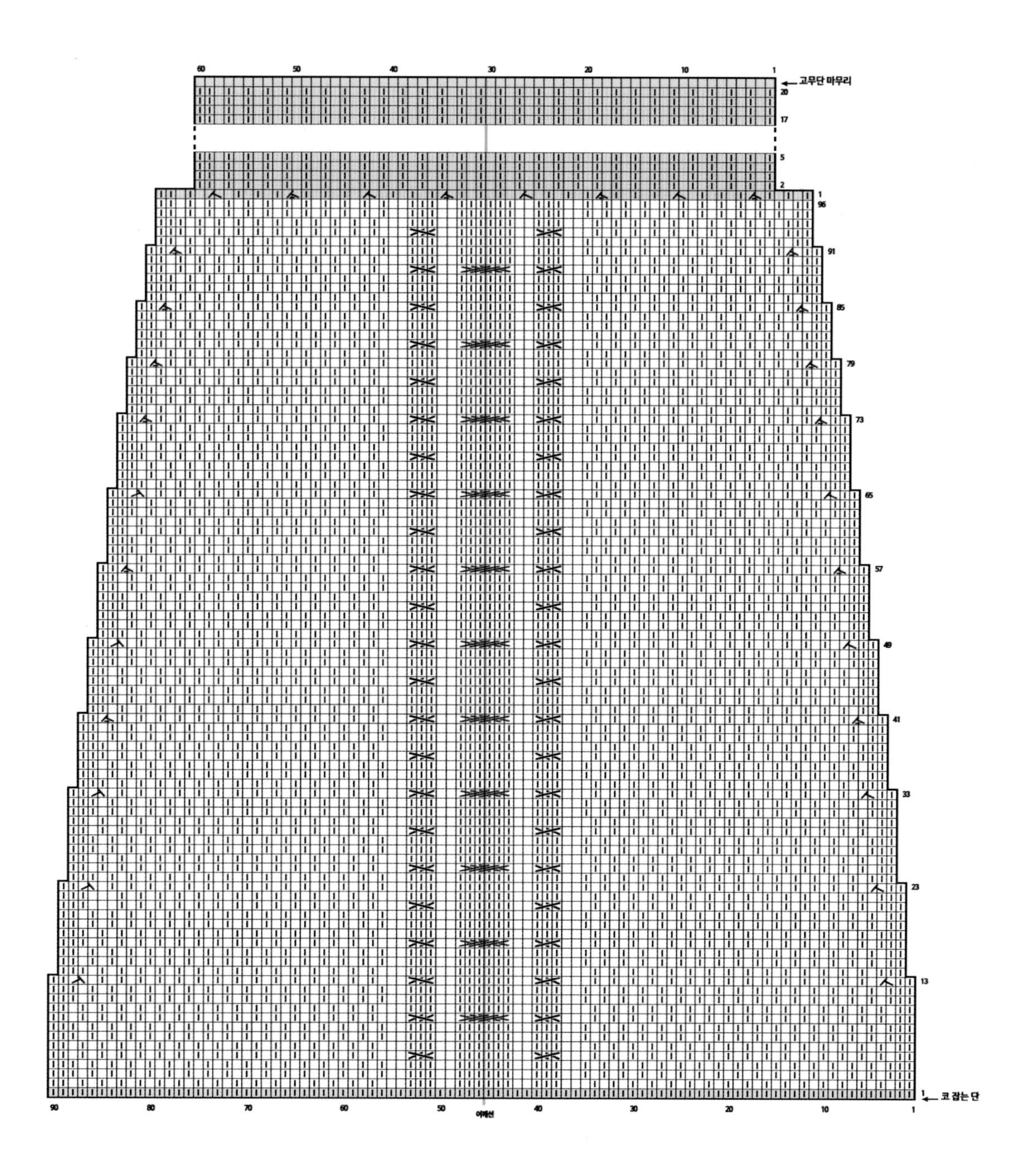

▯=▯=▯ : 겉뜨기

▯=▯ : 안뜨기

▯ : 겉뜨기로 코막음

▯ : 안뜨기로 코막음

▯ : 겉뜨기로 2코를 겹쳐뜨기

▯ : 겉뜨기로 1코를 빼서 1코를 뜬 후 씌워주기

▯ : 3코 오른쪽 꽈배기

▯ : 3코 왼쪽 꽈배기

▯ : 6코 오른쪽 꽈배기

▯ : 6코 왼쪽 꽈배기

SLEEVE (소매)

M-L size

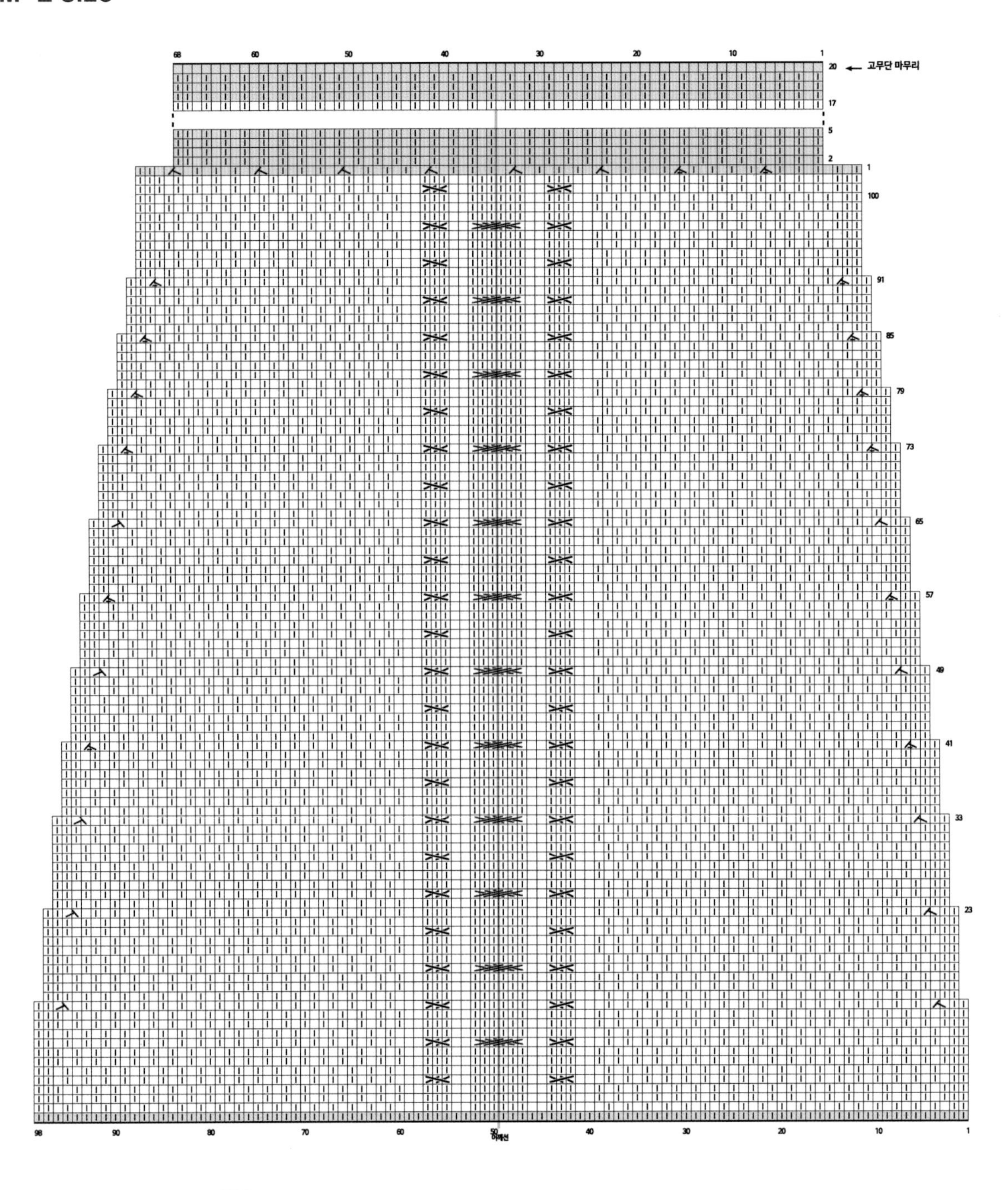

[|]=[/]=[\ ] : 겉뜨기

[ ]=[–] : 안뜨기

[–] : 겉뜨기로 코막음

[=] : 안뜨기로 코막음

[人] : 겉뜨기로 2코를 겹쳐뜨기

[入] : 겉뜨기로 1코를 빼서 1코를 뜬 후 씌워주기

[><] : 3코 오른쪽 꽈배기

[><] : 3코 왼쪽 꽈배기

[>><<] : 6코 오른쪽 꽈배기

[>><<] : 6코 왼쪽 꽈배기

파트라슈 세일러 카디건

 겨울정원 83 - 3볼 & 72 - 5볼 & 73 - 5볼, 틴 실크 모헤어 6081 - 2볼

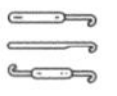 대바늘 5.0mm, 고무단 - 대바늘 4.5mm

 (평단) 19코 × 26단 (패턴) 22코 × 33단

 가슴 60 / 총장 60 / 암홀 25 / 어깨 48 / 소매 64 (cm)

a. 고무단, 칼라는 틴 실크 모헤어, 겨울정원 1겹씩 총 2겹, 나머지는 겨울정원 1겹으로 뜹니다.

b. 앞, 뒤판과 소매 모두 바텀업으로 진행합니다.

c. 칼라는 바텀업으로 뜨고 가장 마지막에 연결합니다.

d. 네크라인과 어깨산을 별도로 만들지 않아도 되는 디자인입니다.

✲ 제작 순서 ✲

뒤판 → 앞판 → 어깨 연결 → 몸판 옆선 꿰매기 → 앞단 → 소매 → 소매 옆선 꿰매기
→ 소매, 몸판 연결 → 칼라 → 칼라 달기

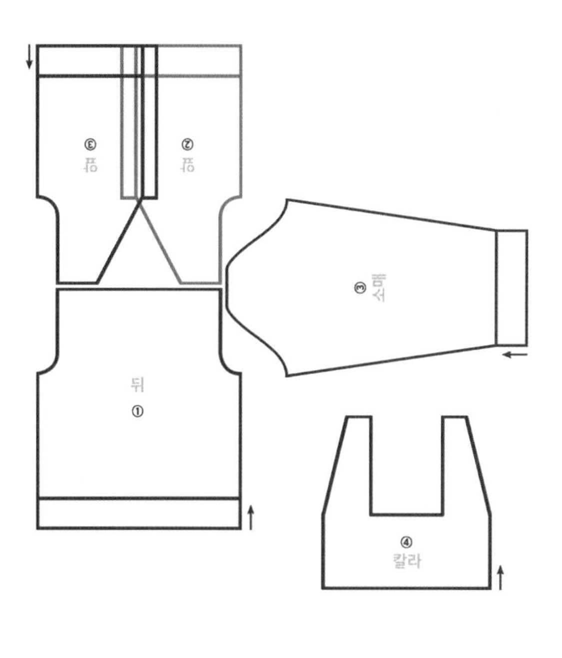

BACK (뒤판)

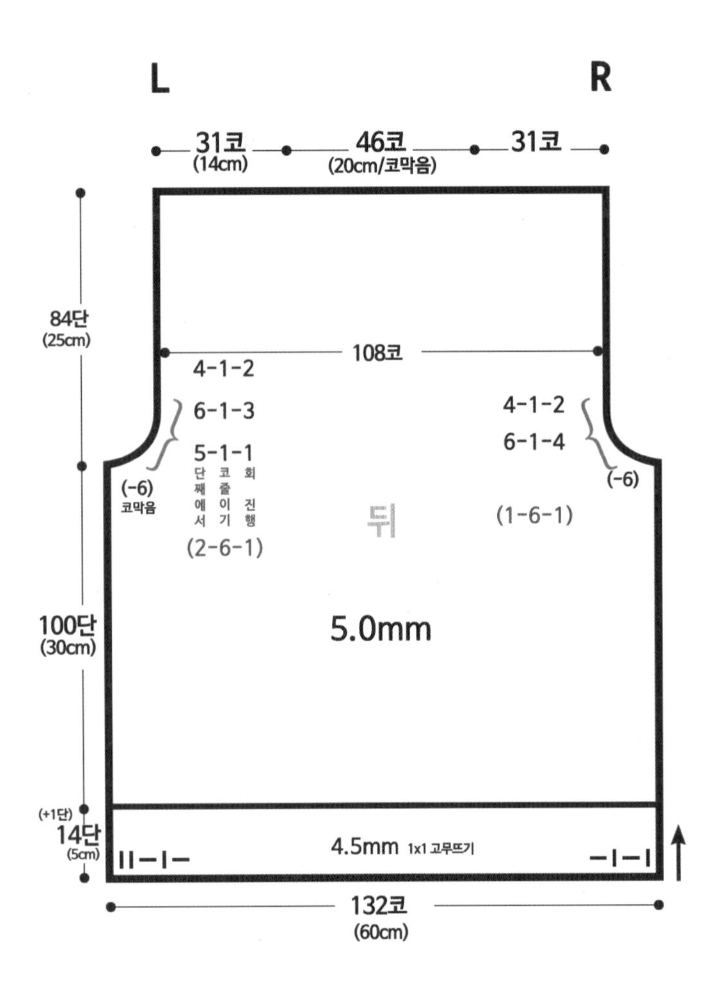

뒤판

1. 틴 실크 모헤어(6081)와 겨울정원(83) 1겹씩 총 2겹과 4.5mm 대바늘로 고무단코 132코를 만들어 14단을 뜹니다. (이때, 사슬이나 밑실로 기초코를 만들면 1단이 더해져 15단이 됩니다.)

2. 5.0mm 바늘로 바꾸고 도안을 따라 100단을 뜹니다. 도안에서 와인색이 겨울정원 73, 베이지색이 겨울정원 72로 모두 1겹으로 진행합니다.

3. 100단까지 뜬 후, 양옆 6코를 코막음해 암홀을 만듭니다. 코막음단부터 1단으로 다시 카운팅을 시작합니다. 이후 매 6단마다 양옆 1코 줄이기를 4회 반복합니다. 다음 매 4단마다 양옆 1코 줄이기를 2회 반복하고 도안을 따라 84단까지 뜹니다. 별도의 마무리 없이 그대로 두고 앞판을 진행합니다.

BACK (뒤판)

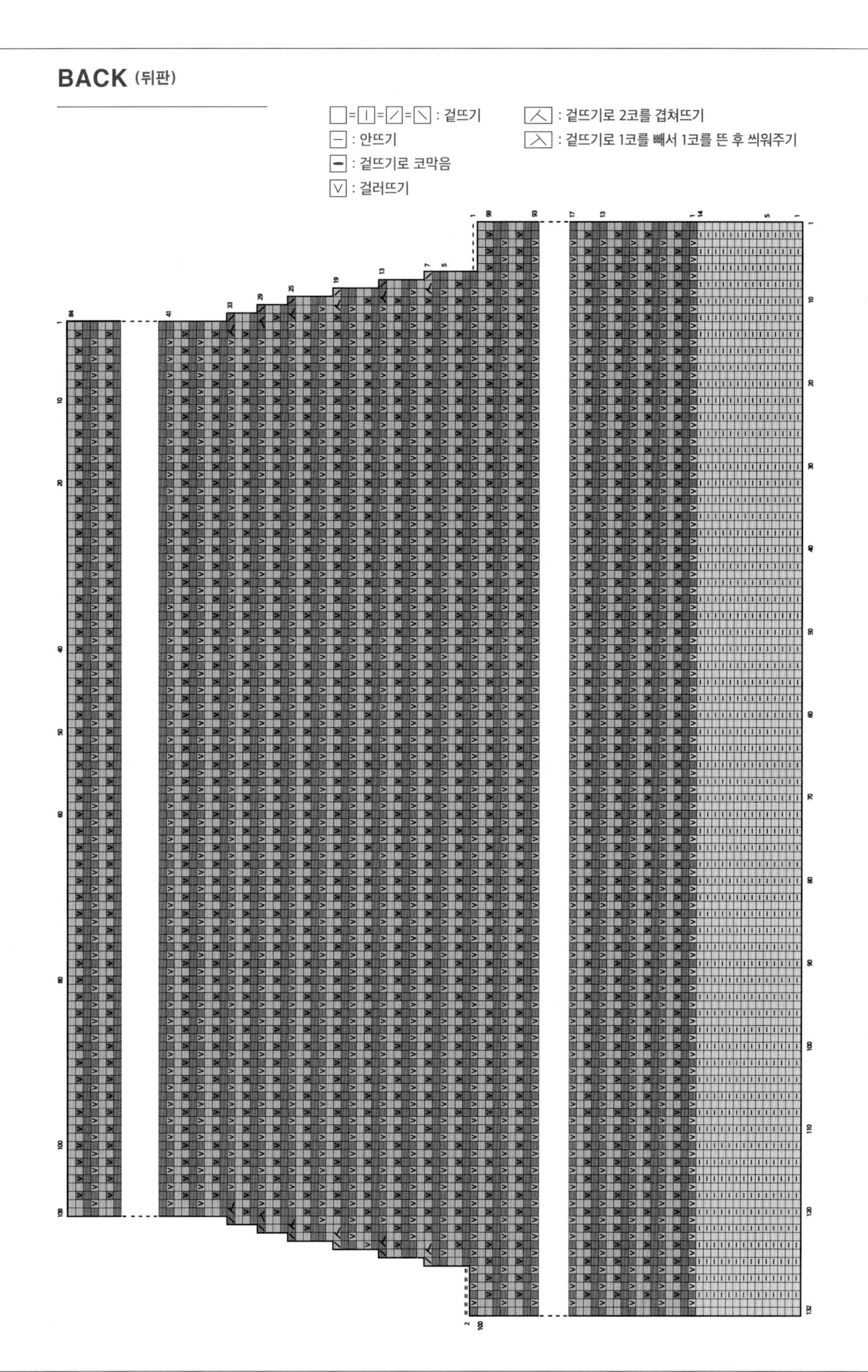

FRONT (앞판)

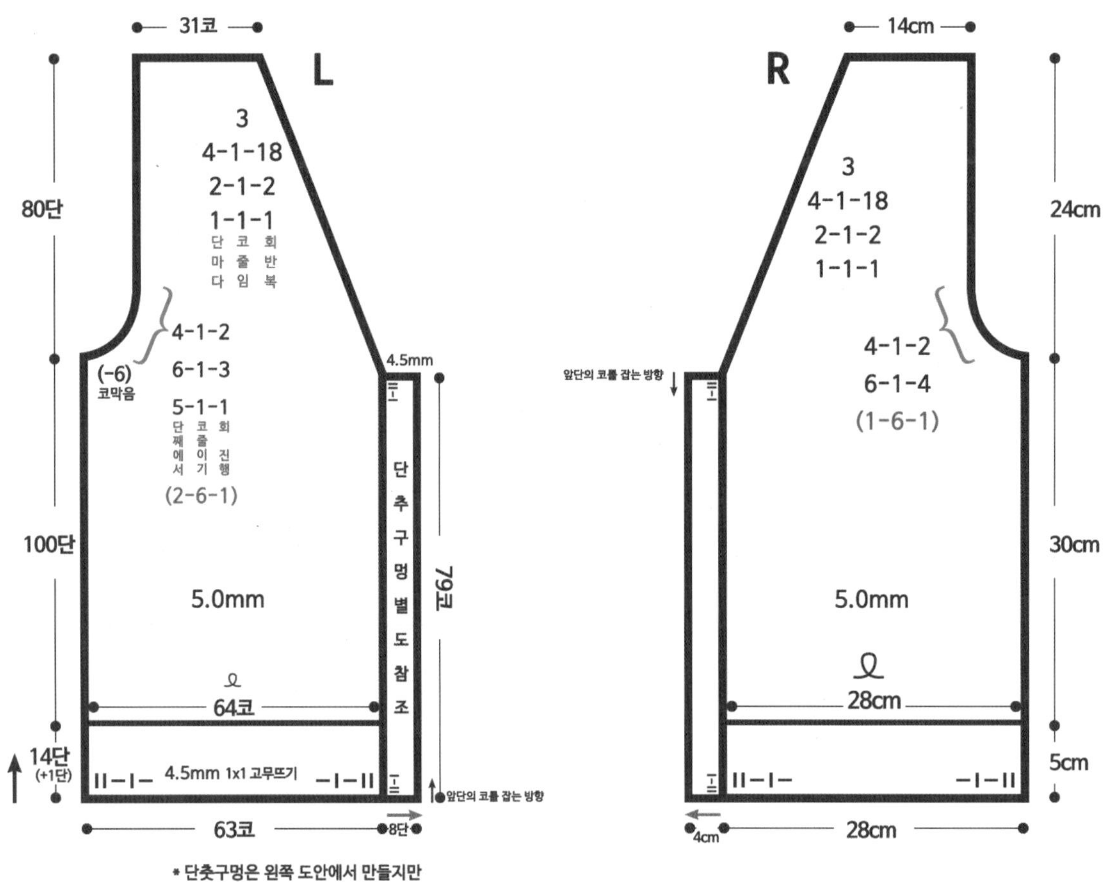

* 단춧구멍은 왼쪽 도안에서 만들지만
실제러 입었을 때는 오른쪽에 위치합니다.

앞판

1. 틴 실크 모헤어(6081)와 겨울정원(83) 1겹씩 총 2겹과 4.5mm 대바늘로 고무코 63코를 만들어 14단을 뜹니다. (이때, 사슬이나 밑실로 기초코를 만들면 1단이 더해져 15단이 됩니다.)

2. 5.0mm 바늘로 바꿔 진행합니다. 도안에서 와인색이 겨울정원 73, 베이지색이 겨울정원 72로 모두 1겹으로 진행합니다. 31코를 뜬 후 1코 늘려뜨기를 해서 총 64코로 진행합니다. 도안을 따라 100단까지 뜹니다.

3. 101단째부터 1단으로 다시 카운팅합니다. 왼쪽 앞판은 2단에서 6코 코막음을, 오른쪽 앞판은 1단에서 6코 코막음합니다. 왼쪽, 오른쪽 전부 홀수단에서 걸러뜨기를 하고 짝수단에서 안뜨기합니다.

4. 도안을 따라 80단까지 뜬 후, 뒷판과 어깨를 연결합니다.

FRONT (앞판)

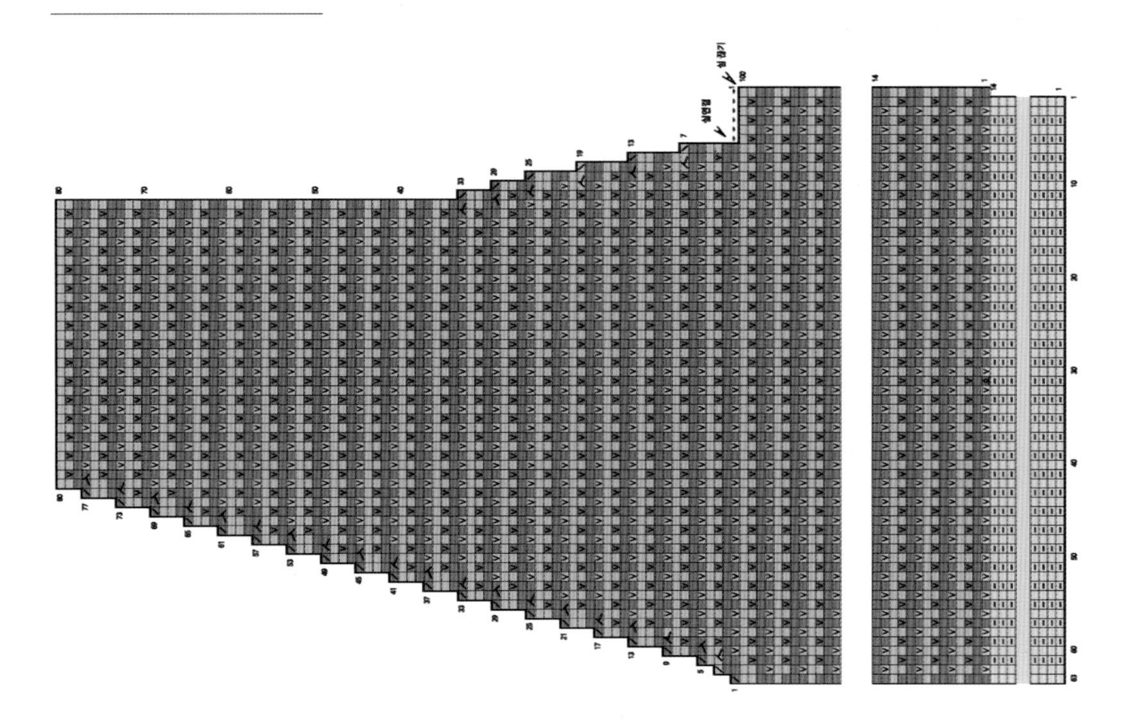

□=[|]=[/]=[\] : 겉뜨기
[−] : 안뜨기
[▬] : 겉뜨기로 코막음
[V] : 걸러뜨기
[ℓ] : 코늘리기

[人] : 겉뜨기로 2코를 겹쳐뜨기
[入] : 겉뜨기로 1코를 빼서 1코를 뜬 후 씌워주기

FRONT HEM (앞단)

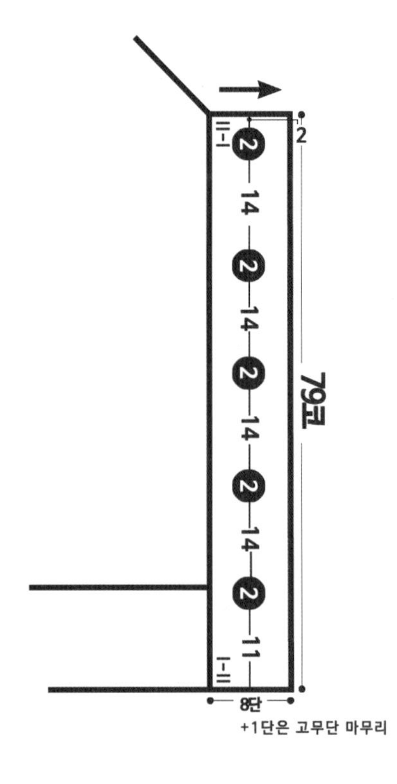

1. 틴 실크 모헤어(6081)와 겨울정원(83) 1겹씩 총 2겹과 4.5mm 대바늘로 총 79코를 잡습니다. 이때, 2코를 잡고 1코 건너뛰기를 36회 반복합니다. 다음 고무단 부분에서 7코를 잡아줍니다. 왼쪽 앞판의 단은 밑단에서 네크라인 방향으로 겉뜨기 코를 잡습니다. 오른쪽 앞판의 단은 네크라인에서 밑단 방향으로 겉뜨기 코를 잡습니다.
2. 단춧구멍이 있는 왼쪽 단은 아래 도안을 따라 뜨고 고무단 마무리를 합니다. 단춧구멍이 없는 오른쪽 단은 구멍 없는 고무단을 8단 뜨고 고무단 마무리를 합니다.

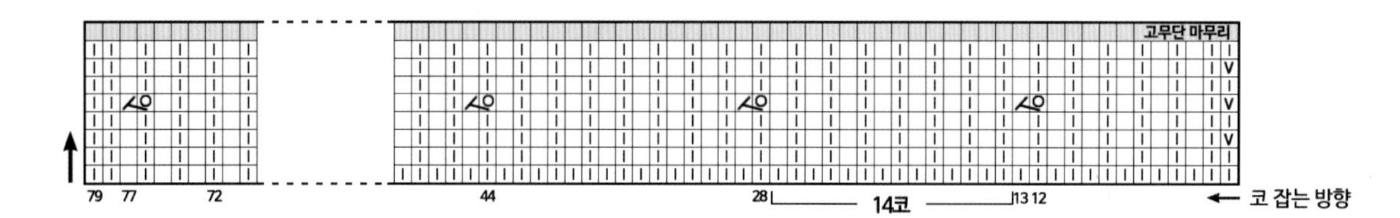

⼈ : 겉뜨기로 2코를 겹쳐뜨기
○ : 바늘 비우기

연결, 앞단

SLEEVE (소매)

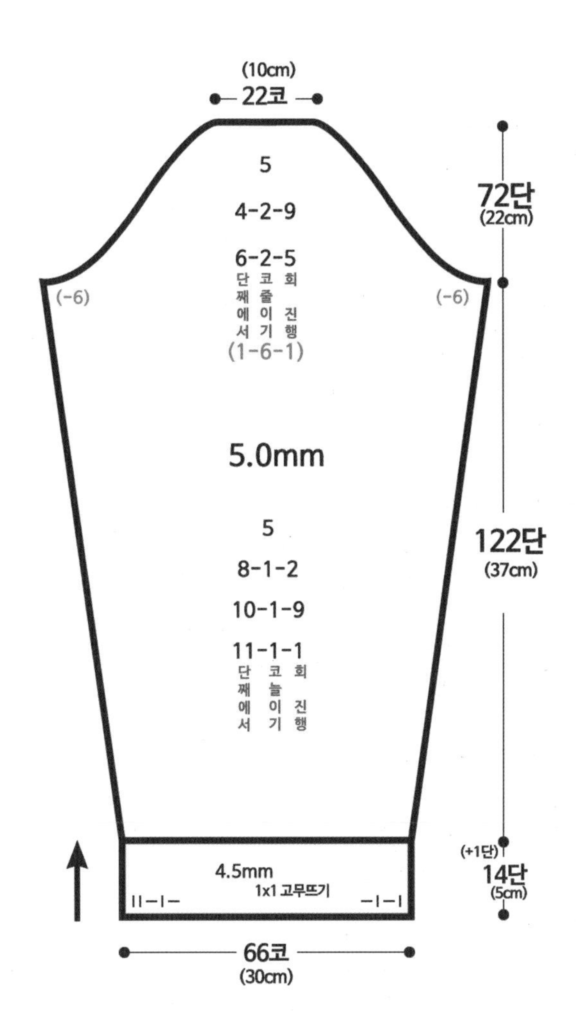

소매

1. 틴 실크 모헤어(6081)와 겨울정원(83) 1겹씩 총 2겹과 4.5mm 바늘로 고무코 66코를 만들어 14단을 뜹니다. (이때, 사슬이나 밑실로 기초코를 만들면 1단이 더해져 15단이 됩니다.)
2. 5.0mm 바늘로 바꿔 진행합니다. 도안에서 와인색이 겨울정원 73, 베이지색이 겨울정원 72로 모두 1겹으로 진행합니다. 여기부터 1단으로 다시 카운팅을 시작합니다. 11단에서 양옆 1코 늘리기를 하고 이후 매 10단마다 양옆 1코 늘리기를 9회 반복합니다. 다음 매 8단마다 양옆 1코 늘리기를 2회 반복하고 도안을 따라 5단을 뜹니다.
3. 123단에서 6코 코막음합니다. 코막음단부터 1단으로 다시 카운팅을 시작합니다.
4. 다음 매 6단마다 양옆 2코 줄이기를 5회 반복하고 이후 매 4단마다 양옆 2코 줄이기를 9회 반복합니다. 마지막으로 5단을 더 뜨고 코막음해 마무리합니다.

SLEEVE (소매)

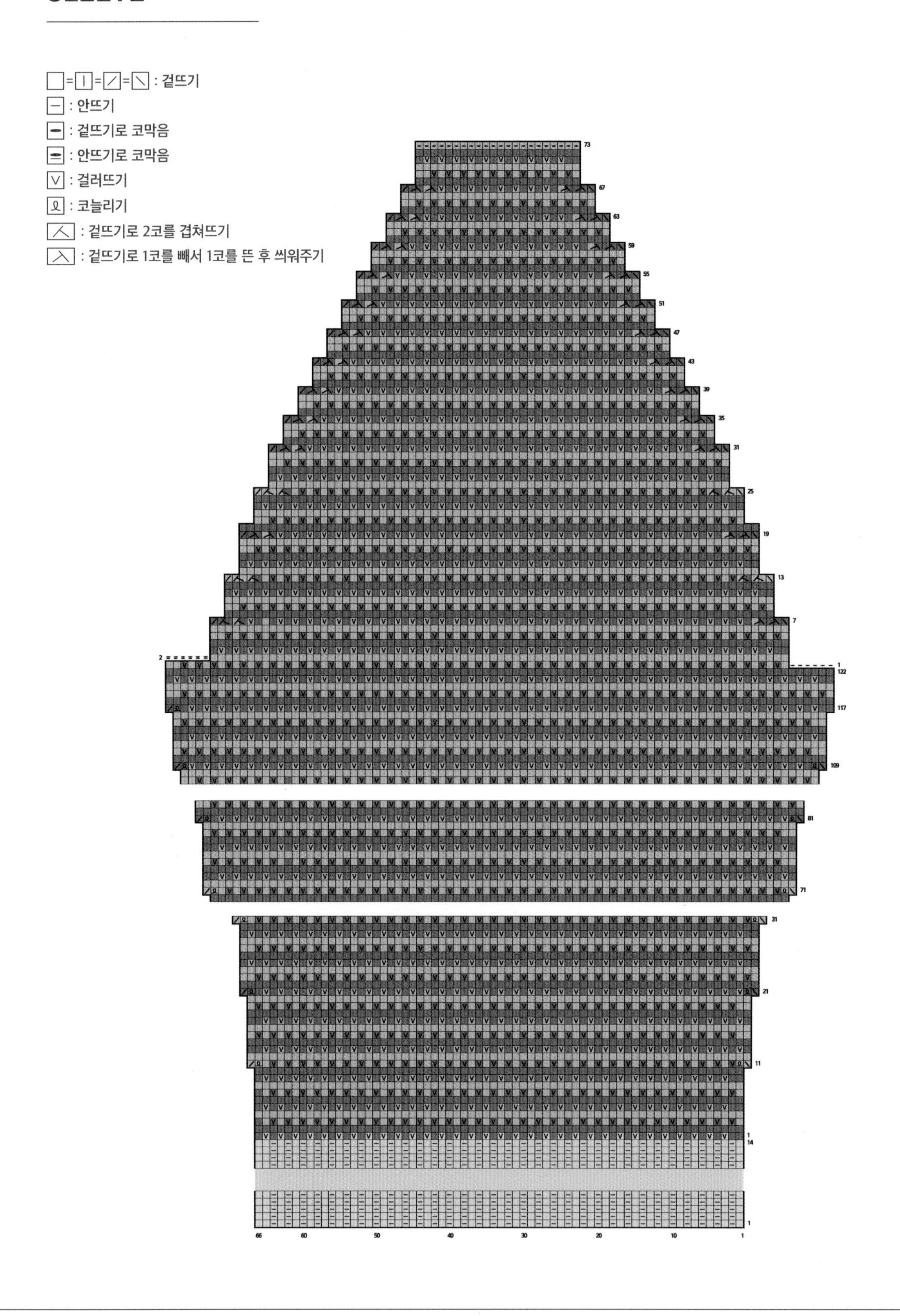
: 겉뜨기
: 안뜨기
: 겉뜨기로 코막음
: 안뜨기로 코막음
: 걸러뜨기
: 코늘리기
: 겉뜨기로 2코를 겹쳐뜨기
: 겉뜨기로 1코를 빼서 1코를 뜬 후 씌워주기

COLLAR (칼라)

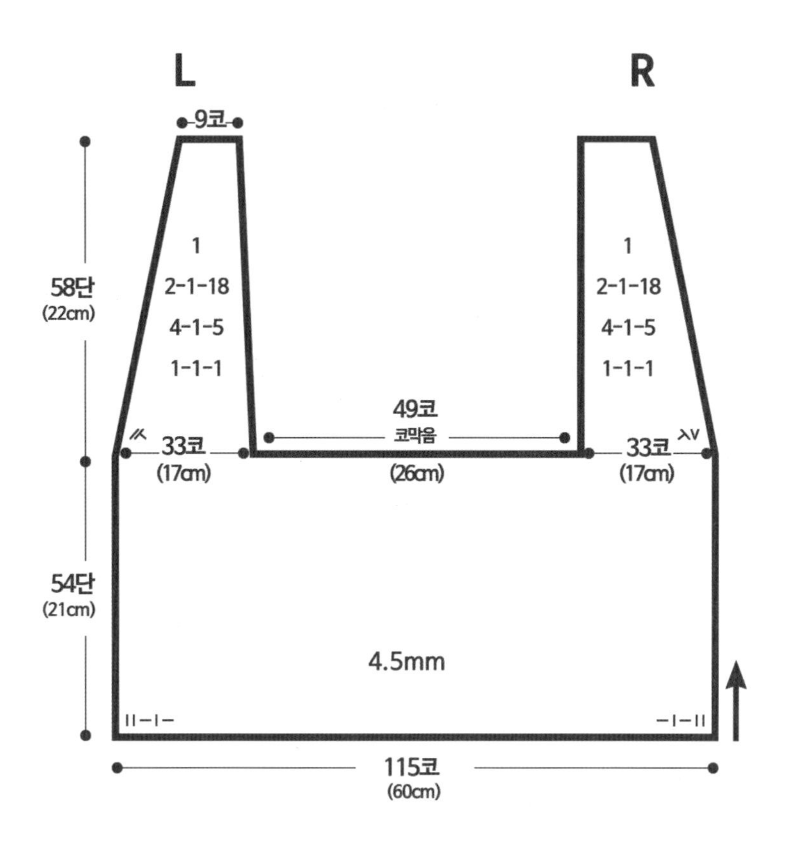

칼라

연결 / 마무리

1. 틴 실크 모헤어(6081)와 겨울정원(83) 1겹씩 총 2겹과 4.5mm 대바늘로 고무코 115코를 만들어 54단을 뜹니다. 이때 양옆 2코는 겉뜨기합니다. 다만 매 단의 첫 코를 걸러뜨기하면 편물 라인이 깔끔해집니다.

2. 다음 단부터 1단으로 다시 카운팅합니다. 이후 오른쪽 칼라 → 가운데 49코 코막음 → 왼쪽 칼라순으로 진행합니다. 1단에서 1코 줄이기를 합니다. 다음 매 4단마다 1코 줄이기를 5회 반복합니다. 다음 매 2단마다 1코 줄이기를 18회 반복합니다. 마지막으로 도안을 따라 1단 더 뜨고 그대로 둡니다. 가운데 49코를 겉뜨기로 코막음합니다. 왼쪽 칼라 1단을 진행하다가 끝에 3코가 남았을 때 코 줄이기를 합니다. 이후 매 4단마다 1코 줄이기를 5회 반복합니다. 다음 매 2단마다 1코 줄이기를 18회 반복합니다. 마지막으로 도안을 따라 1단을 더 뜹니다.

3. 완성한 후, 영상을 참고하여 앞판의 앞단을 꿰매어 연결합니다.

COLLAR (칼라)

□=|=/=\ : 겉뜨기
– : 안뜨기
▬ : 겉뜨기로 코막음
V : 걸러뜨기
⋌ : 겉뜨기로 2코를 겹쳐뜨기
⋋ : 겉뜨기로 1코를 빼서 1코를 뜬 후 씌워주기

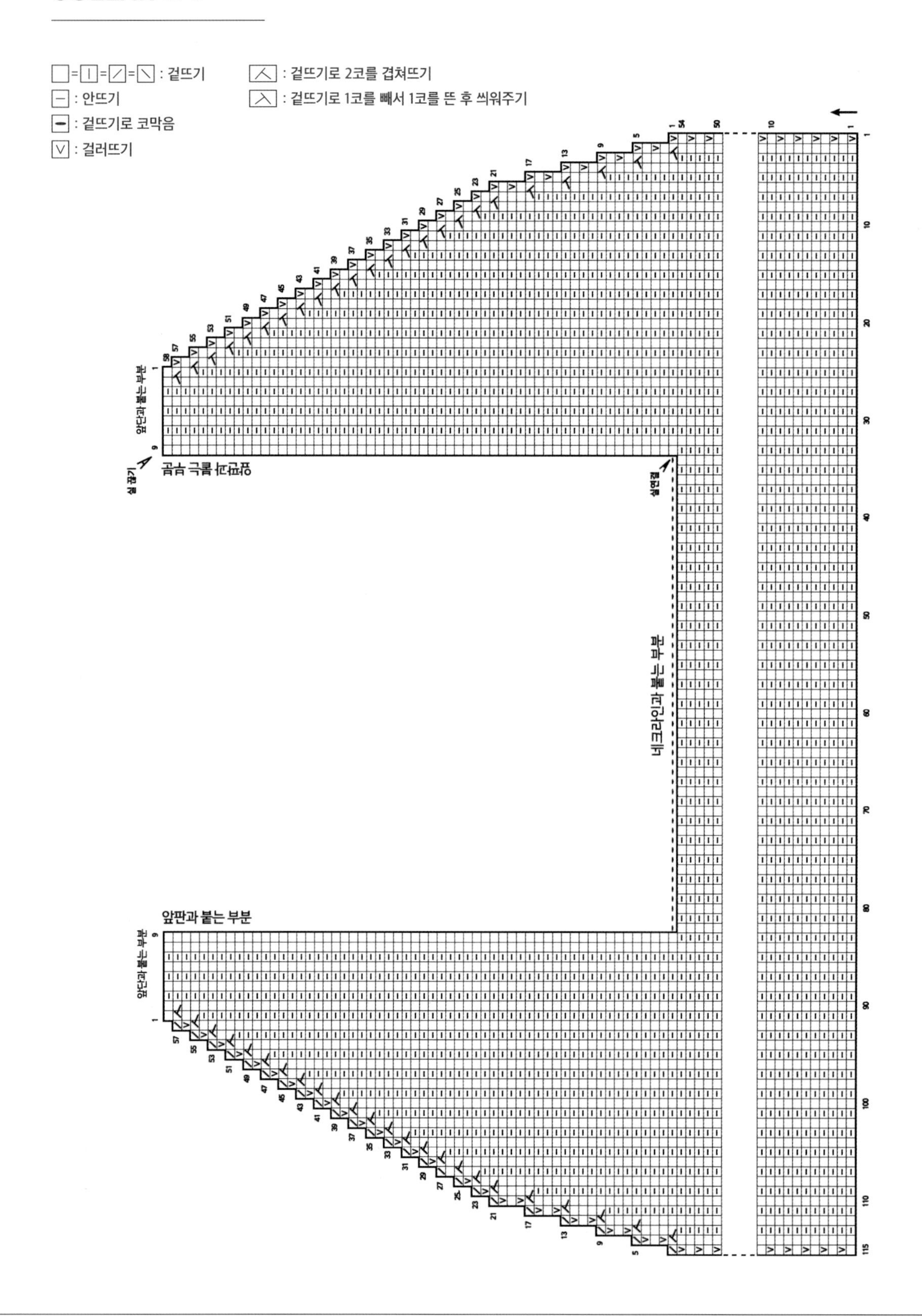

플러피 버킷햇

 마마랜스 믹스얀 240g

 윗판, 이마 - 모사 코바늘 10호, 챙 - 모사 코바늘 8호

 머리 둘레(S-M) 56~58 / (M-L) 58~60(cm)

a. 윗판과 이마 둘레는 내 사이즈에 맞게 조금씩 조절합니다.

b. 챙 부분은 취향에 따라 길이를 조절합니다.

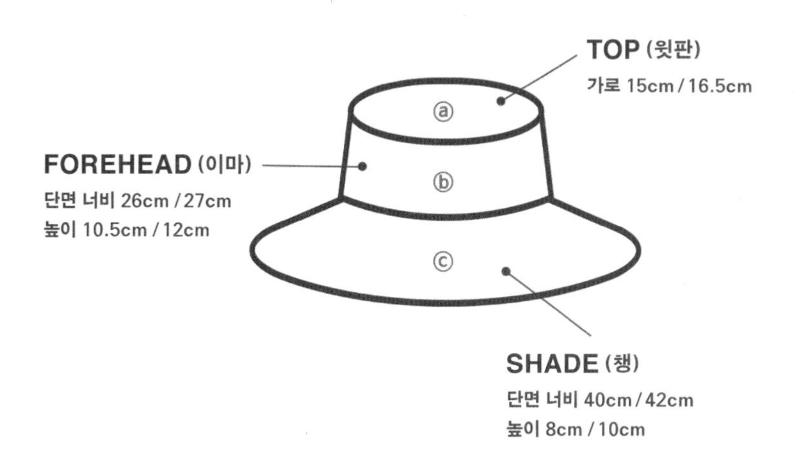

TOP (윗판)

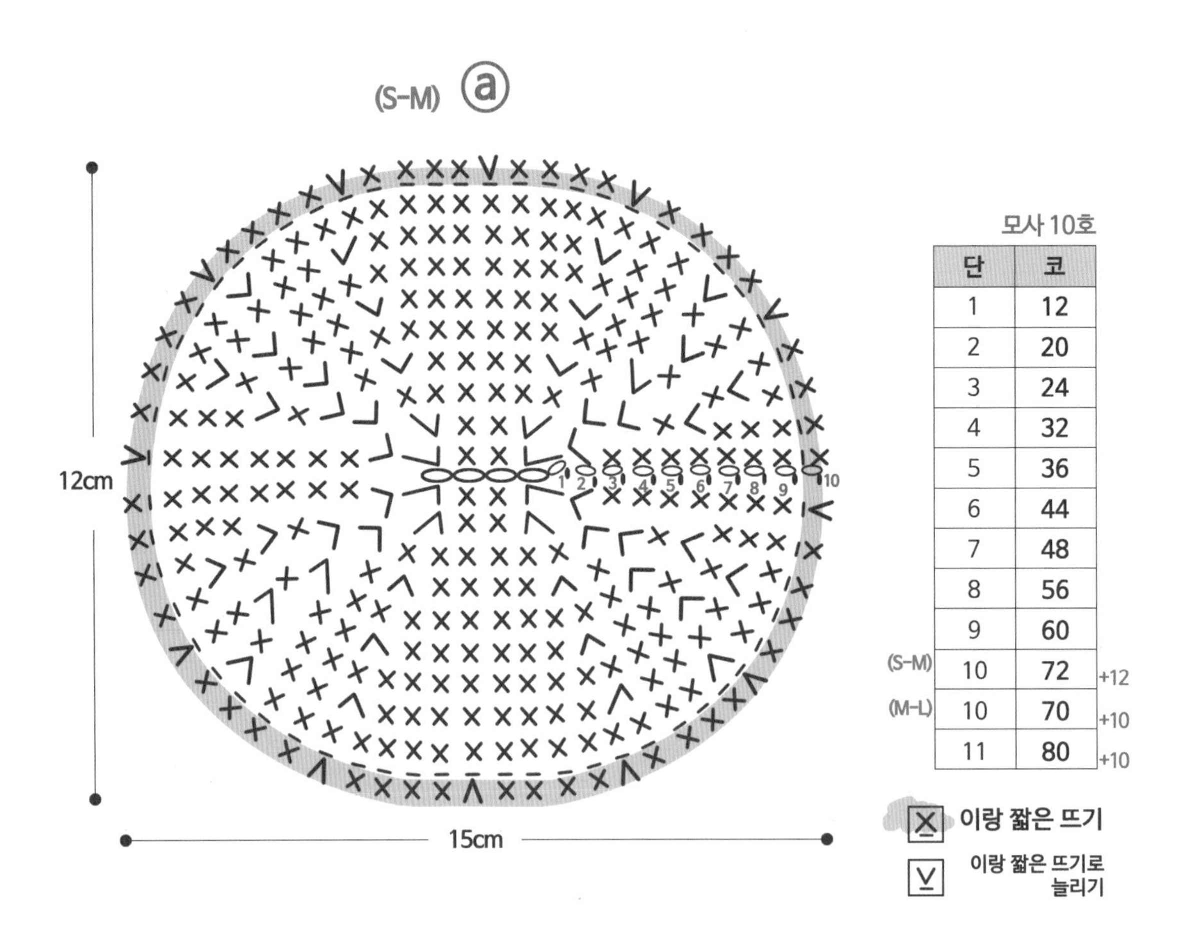

모사 10호

	단	코	
	1	12	
	2	20	
	3	24	
	4	32	
	5	36	
	6	44	
	7	48	
	8	56	
	9	60	
(S-M)	10	72	+12
(M-L)	10	70	+10
	11	80	+10

1. 모사 코바늘 10호로 도안을 따라 사슬 4개를 만들고 9단까지 짧은뜨기를 뜹니다.
2. S-M 사이즈는 마지막 10단을 짧은 이랑뜨기로 늘립니다. M-L 사이즈는 10단에서 짧은뜨기 5코, 1코 늘려뜨기를 10회 반복해 70코를 뜹니다. 11단에서는 짧은 이랑뜨기 2코, 1코 늘려뜨기를 뜬 후, 짧은 이랑뜨기 6코, 1코 늘려뜨기를 9회 반복합니다. 마지막으로 짧은 이랑뜨기 4코를 만들어 총 90코를 뜹니다.

FOREHEAD (이마)

1. 모사 코바늘 10호로 짧은뜨기 15단을 뜹니다. 내 머리에 맞게 중간중간 써보며 단수를 조절합니다. 모자를 썼을 때 이마 중간에서 살짝 아래로 내려오면 끝냅니다. (모자는 쓸수록 늘어나기때문에 살짝 끼는 정도가 좋습니다.)

SHADE (챙)

1. 모사 코바늘 8호로 이마 부분에서 챙을 뜨기 시작합니다. 챙 부분은 조금 탄탄한 것이 좋기 때문에 텐션에 따라 바늘 사이즈를 조절합니다.

S-M '짧은뜨기 5코, 1코 늘려뜨기'를 12회 반복해 84코를 만듭니다.

M-L 짧은뜨기 2코, 1코 늘려뜨기를 한 후, '짧은뜨기 4코, 1코 늘려뜨기'를 15회 반복합니다. 마지막으로 짧은뜨기를 2코 떠서 총 96코를 만듭니다.

2. S-M 짧은뜨기 3코, 1코 늘려뜨기를 한 후, '짧은뜨기 6코, 1코 늘려뜨기'를 11회 반복합니다. 마지막으로 짧은뜨기를 3코 떠서 총 96코를 뜹니다.

M-L '짧은뜨기 7코, 1코 늘려뜨기'를 12회 반복해 108코를 뜹니다.

3. S-M '짧은뜨기 7코, 1코 늘려뜨기'를 12회 반복해 108코를 뜹니다.

M-L 짧은뜨기 4코, 1코 늘려뜨기를 한 후, '짧은뜨기 8코, 1코 늘려뜨기'를 11회 반복합니다. 마지막으로 짧은뜨기를 4코 떠서 총 120코를 뜹니다.

4. 짧은뜨기로만 한 바퀴를 뜹니다.

5. S-M 짧은뜨기 4코, 1코 늘려뜨기를 한 후, '짧은뜨기 8코, 1코 늘려뜨기'를 11회 반복합니다. 마지막으로 짧은뜨기를 4코 떠서 총 120코를 뜹니다.

M-L '짧은뜨기 9코, 1코 늘려뜨기'를 12회 반복해 132코를 뜹니다.

6. 짧은뜨기로만 한 바퀴를 뜹니다.

7. S-M '짧은뜨기 9코, 1코 늘려뜨기'를 12회 반복해 132코를 뜹니다.

M-L 짧은뜨기 5코, 1코 늘려뜨기를 한 후, '짧은뜨기 10코, 1코 늘려뜨기'를 11회 반복합니다. 마지막으로 짧은뜨기 5코를 떠서 총 144코를 뜹니다.

8. 짧은뜨기로만 한 바퀴를 뜹니다.

9. S-M 짧은뜨기 5코, 1코 늘려뜨기를 한 후, '짧은뜨기 10코, 1코 늘려뜨기'를 11회 반복합니다. 마지막으로 짧은뜨기를 5코 떠서 총 144코를 뜹니다.

M-L '짧은뜨기 11코, 1코 늘려뜨기'를 12회 반복해 총 156코를 뜹니다.

10. 짧은뜨기로만 한 바퀴를 뜹니다.

11. 마지막 단은 되돌아 짧은뜨기로 마무리합니다.

청키 벌키 베레모

 쿼리 - 1볼

 모사 코바늘 9호

 지름 30 / 둘레 56(cm)

a. 실의 굵기와 개인의 텐션에 따라 모사 9호 또는 10호로 뜹니다.

b. 쿼리실은 염색 공정으로 인해 컬러마다 굵기 차이가 있을 수 있습니다.

BODY (몸체)

1. 모사 코바늘 9호로 뜨기 시작합니다. 텐션에 따라 바늘 사이즈를 조절합니다. 매직 사슬링으로 7코를 만듭니다.

2. 7코를 모두 1코 늘려뜨기 합니다. (14코)
3. '1코 늘려뜨기, 짧은뜨기'를 반복합니다. (21코)
4. '짧은뜨기 2코, 1코 늘려뜨기'를 반복합니다. (28코)
5. 짧은뜨기 1코, 1코 늘려뜨기를 한 후, '짧은뜨기 3코, 1코 늘려뜨기'를 반복합니다. (35코)
6. '짧은뜨기 4코, 1코 늘려뜨기'를 반복합니다. (42코)
7. 짧은뜨기 2코, 1코 늘려뜨기를 한 후, '짧은뜨기 5코, 1코 늘려뜨기'를 반복합니다. (49코)
8. '짧은뜨기 6코, 1코 늘려뜨기'를 7회 반복합니다. (56코)
9. 짧은뜨기 3코, 1코 늘려뜨기를 한 후, '짧은뜨기 7코, 1코 늘려뜨기'를 6회 반복합니다. 마지막으로 짧은뜨기를 4코 뜹니다. (63코)
10. 짧은뜨기로만 한 바퀴를 뜹니다.
11. '짧은뜨기 8코, 1코 늘려뜨기'를 7회 반복합니다. (70코)
12. 짧은뜨기 4코, 1코 늘려뜨기를 한 후, '짧은뜨기 9코, 1코 늘려뜨기'를 6회 반복합니다. 마지막으로 짧은뜨기를 5코 뜹니다. (77코)
13. '짧은뜨기 10코, 1코 늘려뜨기'를 7회 반복합니다. (84코)
14. 짧은뜨기 5코, 1코 늘려뜨기를 한 후, '짧은뜨기 11코, 1코 늘려뜨기'를 6회 반복합니다. 마지막으로 짧은뜨기를 6코 뜹니다. (91코)
15. 짧은뜨기로만 한 바퀴를 뜹니다.
16. '짧은뜨기 12코, 1코 늘려뜨기'를 7회 반복합니다. (98코)
17. 짧은뜨기 6코, 1코 늘려뜨기를 한 후, '짧은뜨기 13코, 1코 늘려뜨기'를 6회 반복합니다. 마지막으로 짧은뜨기 7코를 뜹니다. (105코)
18. '짧은뜨기 14코, 1코 늘려뜨기'를 7회 반복합니다. (112코)
19. 짧은뜨기 7코, 1코 늘려뜨기를 한 후, '짧은뜨기 15코, 1코 늘려뜨기'를 6회 반복합니다. 마지막으로 짧은뜨기 8코를 뜹니다. (119코)
20. '짧은뜨기 16코, 1코 늘려뜨기'를 7회 반복합니다. (126코)
21. 늘림단이 끝났습니다. 짧은뜨기로만 4~5단 뜹니다. 취향에 따라 단수를 조절합니다.
22. 이제 모자 안쪽 줄이기를 시작합니다. 짧은뜨기 8코, 짧은 2코 모아뜨기를 한 후, '짧은뜨기 16코, 짧은 2코 모아뜨기'를 6회 반복합니다. 마지막으로 짧은뜨기 8코를 뜹니다. (119코)

23. '짧은뜨기 15코, 짧은 2코 모아뜨기'를 7회 반복합니다. (112코)

24. '짧은뜨기 14코, 짧은 2코 모아뜨기'를 7회 반복합니다. (105코)

25. 짧은뜨기 6코, 짧은 2코 모아뜨기를 한 후, '짧은뜨기 13코, 짧은 2코 모아뜨기'를 6회 반복합니다. 마지막으로 짧은뜨기를 7코 뜹니다. (98코)

26. '짧은뜨기 12코, 짧은 2코 모아뜨기'를 7회 반복합니다. (91코)

27. 짧은뜨기로만 한 바퀴를 뜹니다.

28. 짧은뜨기 5코, 짧은 2코 모아뜨기를 한 후, '짧은뜨기 11코, 짧은 2코 모아뜨기'를 6회 반복합니다. 마지막으로 짧은뜨기를 6코 뜹니다. (84코)

29. '짧은뜨기 10코, 짧은 2코 모아뜨기'를 7회 반복합니다. (77코)

30. 짧은뜨기로만 한 바퀴를 뜹니다.

31. 짧은뜨기 4코, 짧은 2코 모아뜨기를 한 후, '짧은뜨기 9코, 짧은 2코 모아뜨기'를 6회 반복합니다. 마지막으로 짧은뜨기를 5코 뜹니다. (70코)

32. '짧은뜨기 8코, 짧은 2코 모아뜨기'를 7회 반복합니다. (63코)

STALK (모자 꼭지)

1. 사슬 3개를 만들고 다시 돌아오며 빼뜨기나 이중 사슬뜨기를 합니다. 완성한 후 모자 중앙에 달아줍니다.

더블 사이드 이어워머

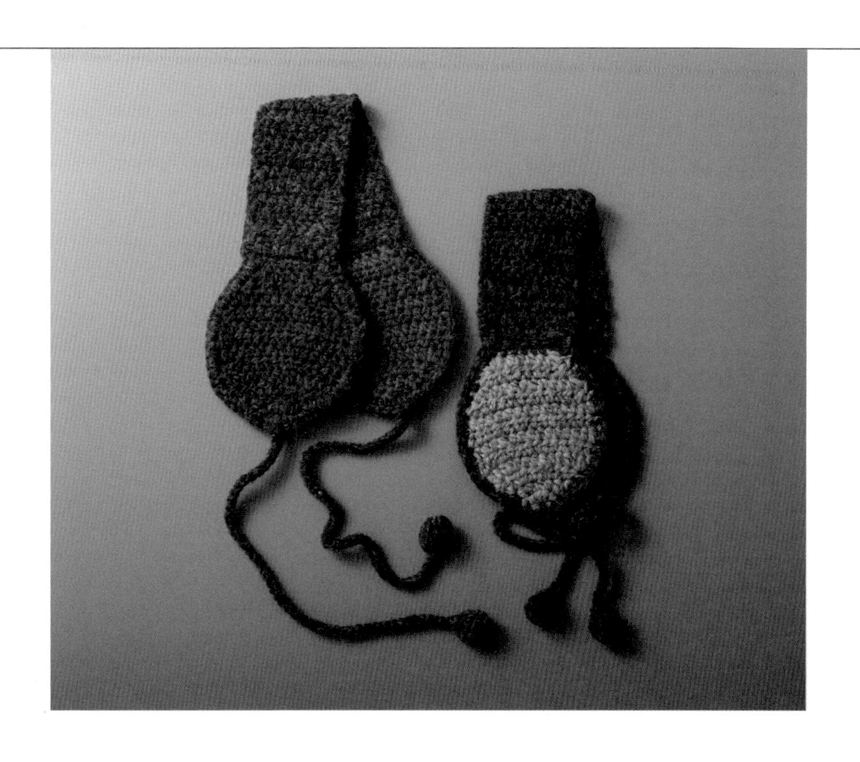

 마마랜스 믹스얀 (귀 부분 9겹 / 밴드 부분 11겹)

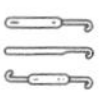 모사 코바늘 9호, 밴드 - 모사 코바늘 10호

 귀 부분 가로 11.5 × 세로 11 / 밴드 가로 8 × 세로 25 (cm)

a. 귀 부분, 밴드, 스트링 총 3가지 부분을 뜹니다.

b. 귀 부분을 2가지 컬러로 뜨면 양면으로 다르게 연출할 수 있습니다.

✲ 제작 순서 ✲

이어부분 ⓐ,ⓑ,ⓒ,ⓓ → 이어부분 ⓐ+ⓒ 합치기

→ 이어부분 ⓑ+ⓓ 합치기 → ⓔ밴드 뜨기 → ⓐⓒ+ⓔ+ⓑⓓ 순서로 연결

→ ⓕ 스트링 만들기, 달기

EARS (귀 부분)

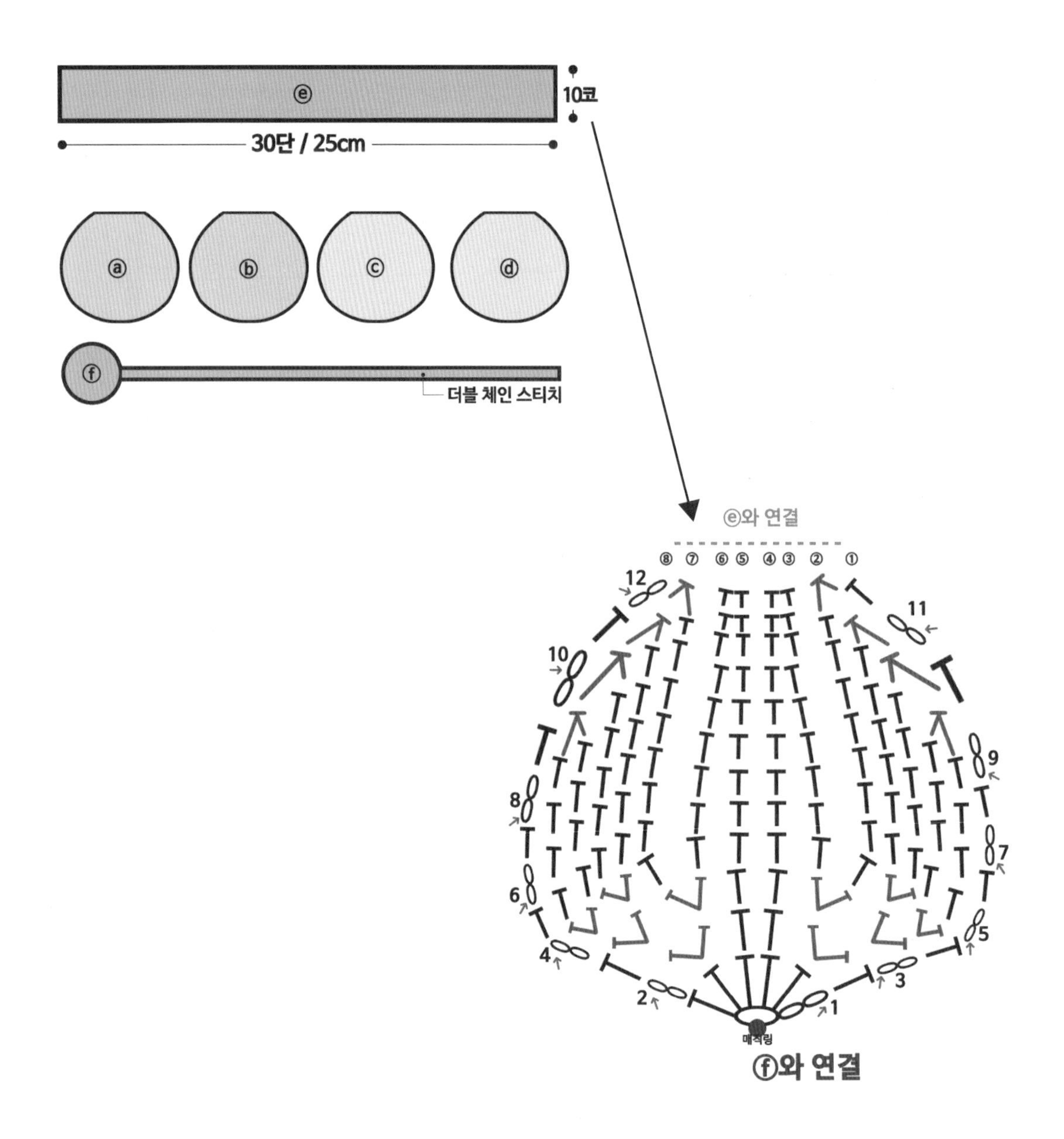

귀 부분

스트링

밴드

STRING (스트링)

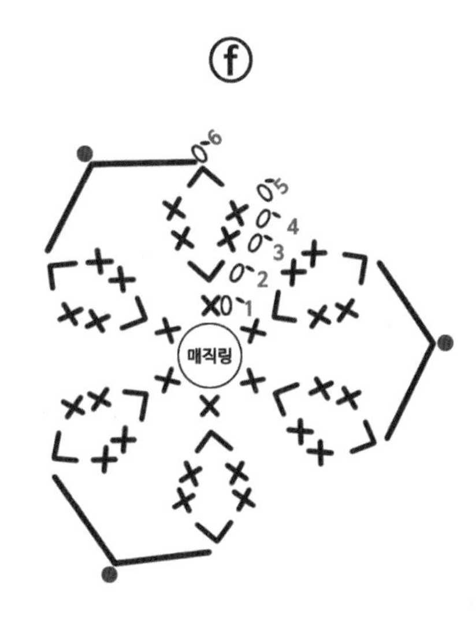

1. 매직사슬링으로 짧은뜨기 6코를 한 후, 도안을 따라 6단까지 뜹니다. 동일한 편물을 1개 더 뜹니다.
2. 6단까지 뜬 후, 돗바늘로 ●의 세 코를 연결합니다. 원하는 길이만큼 사슬뜨기를 해서 ⓐ,ⓒ / ⓑ,ⓓ의 매직링 시작 부분에 각각 연결합니다.

BAND (밴드)

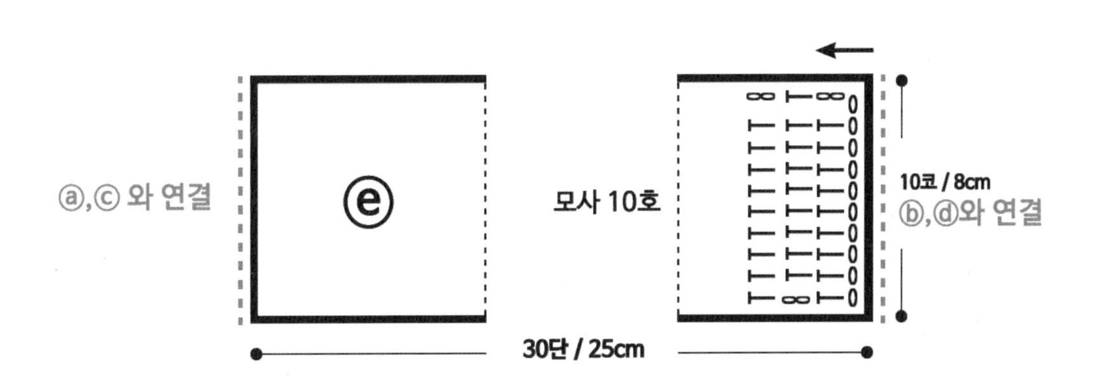

1. 귀 부분에 사용했던 실보다 조금 더 도톰한 실과 모사 코바늘 10호로 10코를 사슬뜨기합니다. 사슬 2코를 뜬 후, 긴뜨기로 총 25cm가 될 때까지 뜹니다. 머리에 올려보면서 단수를 조절합니다.

epilogue

에필로그

뜨개에는 다양한 방법이 있습니다. 이 책을 통해 여러 가지 옷과 소품 뜨는 법을 소개했지만,

마마랜스가 진행하는 방법이 모두 정답은 아니에요.

한 코 한 코 진행을 하면서 내게 편한 방식을 찾아가는 것 또한 뜨개의 묘미라고 생각합니다.

반복되는 패턴이 있다면 알아보기 쉬운 나만의 표기법을 만들 수도 있답니다. 뜨개에 정답은 없어요.

내 마음에 쏙 든다면, 멋지게 완성된다면 어떤 방법이든 괜찮습니다!

그러니 겁먹지 말고 이런저런 길을 시도하고 탐구하며

편안하게 뜨개를 즐겨보세요.

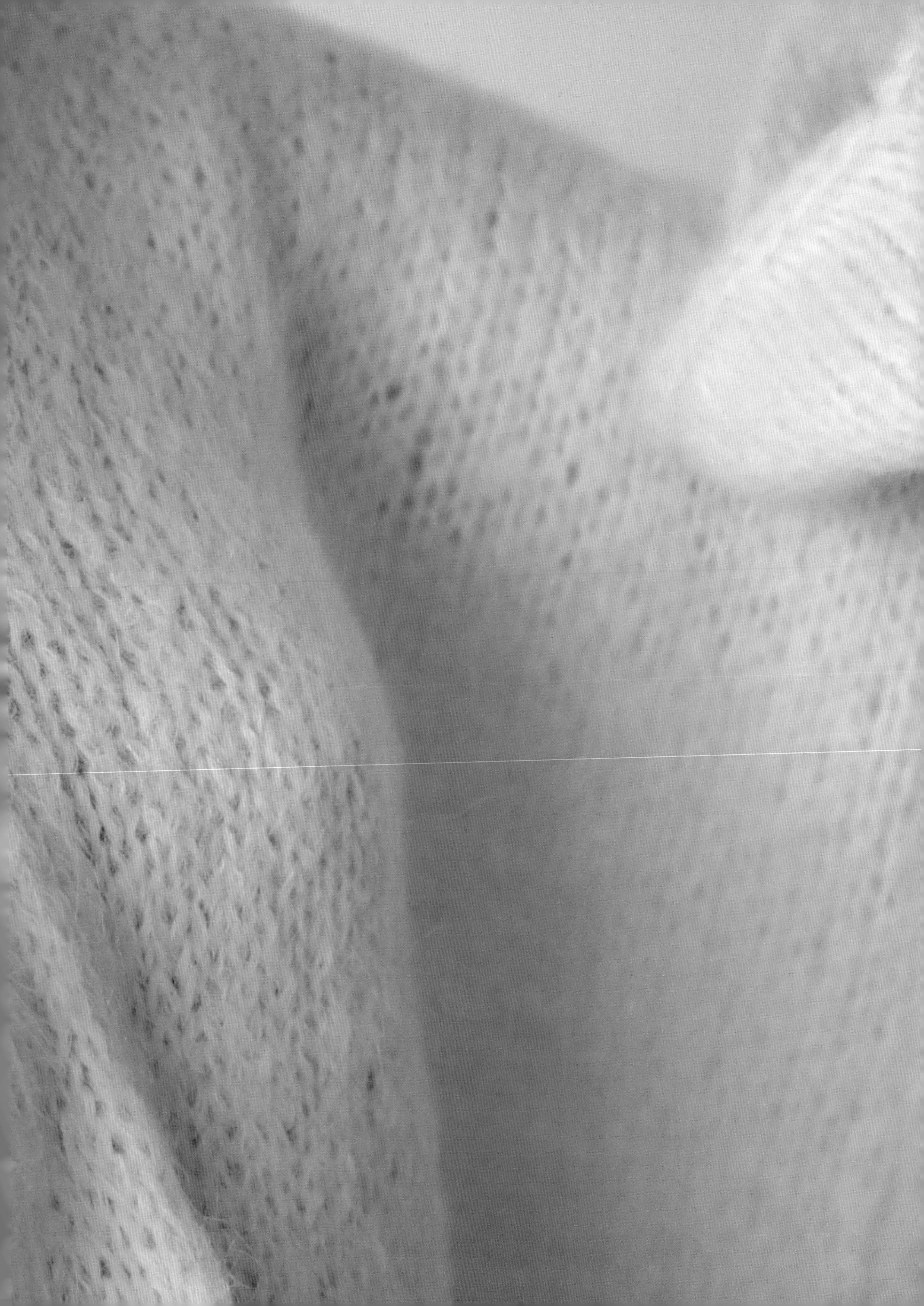

마마랜스의 일상 니트

1판 1쇄 발행 2022년 11월 29일
1판 3쇄 발행 2023년 10월 25일

지은이 이하니
펴낸이 김기옥

실용본부장 박재성
편집 실용2팀 이나리, 장윤선
마케터 이지수
판매 전략 김선주
지원 고광현, 김형식, 임민진

사진 한정수(studio etc)
스타일링 김은영, 조은
헤어·메이크업 조유리
모델 에이블에이전시

디자인 석윤이
인쇄·제본 민언프린텍

펴낸곳 한스미디어(한즈미디어(주))
주소 121-839 서울시 마포구 양화로 11길 13(서교동, 강원빌딩 5층)
전화 02-707-0337 | 팩스 02-707-0198 | 홈페이지 www.hansmedia.com
출판신고번호 제 313-2003-227호 | 신고일자 2003년 6월 25일

ISBN 979-11-6007-863-3 13590

책값은 뒤표지에 있습니다.
잘못 만들어진 책은 구입하신 서점에서 교환해드립니다.